计算机网络实训教程

王　嫣　主　编

刘兰青　黄继海　副主编

化学工业出版社

·北京·

本书内容包括基本常用软件介绍、双绞线制作方法、虚拟机的使用及网络操作系统安装、网络常用命令、基本组网实验、数据链路层协议分析等十五个实训内容,本书使用模拟实验软件,加入交换路由器基本配置内容。

　　可作为计算机网络专业及非网络专业的教材,也可作为培训教材使用。

图书在版编目(CIP)数据

计算机网络实训教程/王嫣主编. —北京:化学
工业出版社,2012.1
ISBN 978-7-122-13056-3

Ⅰ.计⋯　Ⅱ.王⋯　Ⅲ.计算机网络-教材

Ⅳ.TP393

中国版本图书馆 CIP 数据核字(2011)第 265363 号

责任编辑:廉　静　刘　哲　　　　　　　　装帧设计:王晓宇
责任校对:战河红

出版发行:化学工业出版社(北京市东城区青年湖南街 13 号　邮政编码 100011)
印　　装:三河市延风印装厂
787mm×1092mm　1/16　印张 11½　字数 275 千字　2012 年 3 月北京第 1 版第 1 次印刷

购书咨询:010-64518888(传真:010-64519686)　　售后服务:010-64518899
网　　址:http://www.cip.com.cn
凡购买本书,如有缺损质量问题,本社销售中心负责调换。

定　　价:25.00 元

前　言

　　为落实《国务院关于大力发展职业教育的决定》精神，配合教育部做好示范性高等职业院校建设工作，本书编写人员根据高级应用型人才培养的需要，参照计算机网络技术人员的职业岗位要求，并结合高职高专计算机网络课程的特点，以技能实训为主、理论为辅的编写方式，强调对学生动手能力的培养，全面介绍了在使用计算机网络时应掌握的基本网络操作技能和必要的网络理论基础知识。学生可通过这些网络实训操作，达到掌握计算机网络原理、提高网络应用技术水平的目的。本书采用"行动导向，任务驱动"的方法，以实训引领知识的学习，通过实训的具体操作引出相关的知识点，通过"实训目的"和"实训步骤"，引导学生在"学中做"、"做中学"，把基础知识的学习和基本技能的掌握有机地结合在一起，在具体的操作实践中培养自己的应用能力。本教材可作为高职院校计算机网络课程的实训教材，也可供培训学校使用。本书共十五个实训项目，依次介绍了网络传输介质、网络的搭建、协议分析、基本交换机路由器配置、服务器配置及网络安全等实训项目。

　　本书由中州大学王嫣担任主编，郑州轻工职业学院刘兰青及中州大学黄继海担任副主编。魏柯、刘艳、李晶参与编写及程序测试工作，在此表示衷心的感谢。

　　由于编者水平有限，难免有不妥之处，恳请广大读者批评指正。

编　者

2011 年 12 月

目　录

实训项目一

网络基础常用软件介绍

【实训目的】

① 掌握 CuteFTP 软件的基本使用方法；
② 掌握 Serv-U 软件的基本使用方法；
③ 掌握 Wireshartk 的基本使用方法。

【实训内容】

① 利用 CuteFTP 访问 FTP 站点；
② 利用 Serv-U 配置 FTP 站点；
③ 利用 Wireshark 对网络包进行分析。

【实训环境】

网络环境下在安装 CuteFTP、Serv-U 和 Wireshark 软件的 PC 机上可进行该实训项目的操作。

【理论基础】

1. CuteFTP

CuteFTP 是 GlobalSCAPE 公司出品的网络传输客户端软件，是一个应用广泛的网络上传下载优秀工具。Cuteftp 采用拖放操作方式并具有书签功能，文件传输简单方便；它可以通过宏操作执行一些经常性的任务；具有目录上传功能，可完整覆盖和删除目录，直接删除远程文件和目录，进行远程文件夹和本地文件夹分析比较，确保上传、下载成功；可以编辑远程文件和站点，支持上传、下载队列；可强制使用小写文件名（自动更正）、更改文件属性；具有断点续传功能，断线后可自动连接、接续传输，直到文件上传或下载成功；它还可以分类管理多个站点，站点向导可以帮用户快速链接到自己的 ftp 站点；具有在线 mp3 和文件搜索功能。图 1-1 是 CuteFTP 5.0 XP 的主界面。

2. Serv-U

（1）简介

Serv-U 是目前众多的 FTP 服务器软件之一。通过使用 Serv-U，用户能够将任何一台 PC 设置成一个 FTP 服务器，这样，用户或其他使用者就能够使用 FTP 协议，通过在同一网络上的任何一台 PC 与 FTP 服务器连接，进行文件或目录的复制、移动、创建和删除等。这里提到的 FTP 协议是专门被用来规定计算机之间进行文件传输的标准和规则，正是因为有了像 FTP 这样的专门协议，才使得人们能够通过不同类型的计算机，使用不同类型的操作系统，对不同类型的文件进行相互传递。

1

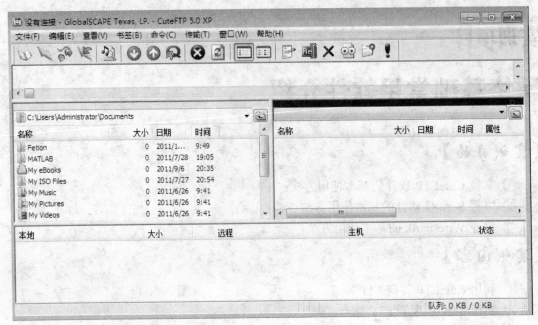

图 1-1　CuteFTP 5.0 XP 的主界面

　　Serv-U（本文中提到的 Serv-U 版本 6.3.0.0）是一个可以运行于 Windows 95/98/2000/XP 和 Windows NT 4.0 下的 FTP 服务器程序，如图 1-2 所示，有了它，你的个人电脑就可以模拟为一个 FTP 服务器。它可以用最简单的方式创建用户账号，并且在硬盘空间上划分一定的区域用以存放文件，让用户以各种 FTP 客户端软件（如 CuteFTP、WS_FTP 等）上传或下载所需要的文件。

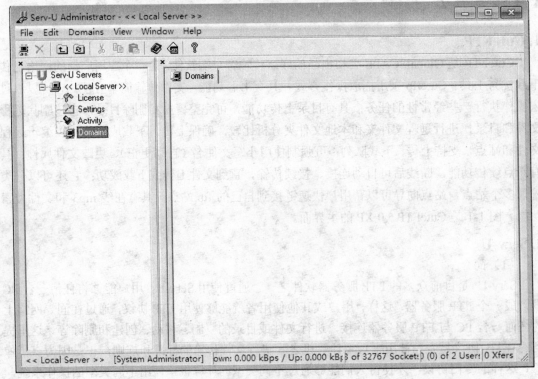

图 1-2　Serv-U 主界面

Serv-U 由两大部分组成：引擎和用户界面。Serv-U 引擎（ServUDaemon.exe）其实是一个常驻后台的程序，也是 Serv-U 整个软件的心脏部分，它负责处理来自各种 FTP 客户端软件的 FTP 命令，也是负责执行各种文件传送的软件。在运行 Serv-U 引擎也就是 ServUDaemon.exe 文件后，看不到任何的用户界面，它只是在后台运行，通常无法影响它，但在 ServUAdmin.exe 中可以停止和开始它。Serv-U 引擎可以在任何 Windows 平台下作为一个本地系统服务来运行，系统服务随操作系统的启动而开始运行，而后就可以运行用户界面程序了。在 Win NT/2000 系统中，Serv-U 会自动安装为一个系统服务。Serv-U 用户界面（ServUAdmin.exe）也就是 Serv -U 管理员，它负责与 Serv-U 引擎之间的交互。它可以让用户配置 Serv-U，包括创建域、定义用户，并告诉服务器是否可以访问。启动 Serv-U 管理员最简单的办法就是直接点击系统栏的"U"形图标，当然，你也可以从开始菜单中运行它。在此有必要把 Serv-U 中的一些重要的概念给大家讲清楚，每个正在运行的 Serv-U 引擎可以被用来运行多个"虚拟"的 FTP 服务器，在管理员程序中，每个"虚拟"的 FTP 服务器都称为"域"，因此，对于服务器来说，不得不建立多个域时是非常有用的。每个域都有各自的"用户"、"组"和设置。一般说来，"设置向导"会在你第一次运行应用程序时设置好一个最初的域和用户账号。服务器、域和用户账号之间的关系如图 1-3 所示。

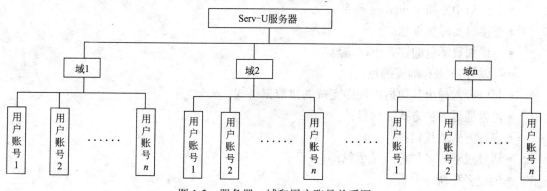

图 1-3 服务器、域和用户账号关系图

（2）主要功能

虽然目前 FTP 服务器端的软件种类繁多，相互之间各有优势，但是 Serv-U 凭借其独特的功能得以崭露头角。具体来说，Serv-U 能够提供以下功能。

- 符合 windows 标准的用户界面友好亲切，易于掌握；
- 支持实时的多用户连接，支持匿名用户的访问；
- 通过限制同一时间最大的用户访问人数，确保 PC 的正常运转；
- 安全性能出众，在目录和文件层次都可以设置安全防范措施；
- 能够为不同用户提供不同设置，支持分组管理数量众多的用户；
- 可以基于 IP 对用户授予或拒绝访问权限；
- 支持文件上传和下载过程中的断点续传；
- 支持拥有多个 IP 地址的多宿主站点；
- 能够设置上传和下载的比率、硬盘空间配额、网络使用带宽等，从而能够保证用户有限的资源不被大量的 FTP 访问用户所消耗；
- 可作为系统服务后台运行；

3

● 可自用设置在用户登录或退出时的显示信息，支持具有 UNIX 风格的外部链接。

3. Wireshark

Wireshark 是网络包分析工具。网络包分析工具的主要作用是尝试捕获网络包，并尝试显示包的尽可能详细的情况。你可以把网络包分析工具当成是一种用来测量有什么东西从网线上进出的测量工具，就好像是电工用来测量进入电线电量的电度表一样。过去的此类工具要么是过于昂贵，要么是属于某人私有，或者是二者兼顾。Wireshark 出现以后，这种现状得以改变。Wireshark 能称得上是目前使用的最好的开源网络分析软件。

（1）主要应用

下面是 Wireshark 一些应用的举例：
● 网络管理员用来解决网络问题；
● 网络安全工程师用来检测安全隐患；
● 开发人员用来测试协议执行情况；
● 用来学习网络协议。

除了上面提到的，Wireshark 还可以用在其他许多场合。

（2）特性
● 支持 UNIX 和 Windows 平台；
● 在接口实时捕捉包；
● 能详细显示包的详细协议信息；
● 可以打开/保存捕捉的包；
● 可以导入导出其他捕捉程序支持的包数据格式；
● 可以通过多种方式过滤包；
● 多种方式查找包；
● 通过过滤以多种色彩显示包；
● 创建多种统计分析。

（3）捕捉多种网络接口

Wireshark 可以捕捉多种网络接口类型的包，包括无线局域网接口。

（4）支持多种其他程序捕捉的文件

Wireshark 可以打开多种网络分析软件捕捉的包。

（5）支持多格式输出

Wieshark 可以将捕捉文件输出为多种其他捕捉软件支持的格式。

（6）对多种协议解码提供支持

可以支持许多协议的解码(在 Wireshark 中被称为解剖)。

（7）开源软件

Wireshark 是开源软件项目，用 GPL 协议发行。您可以免费在任意数量的机器上使用它，不用担心授权和付费问题，所有的源代码在 GPL 框架下都可以免费使用。基于以上原因，人们可以很容易的在 Wireshark 上添加新的协议，或者将其作为插件整合到您的程序里，这种应用十分广泛。

（8）Wireshark 不能做的事

Wireshark 不能提供如下功能。

① Wireshark 不是入侵检测系统。如果他/她在您的网络做了一些他/她们不被允许的奇怪的事情，Wireshark 不会警告您。

② Wireshark 不会处理网络事务，它仅仅是"测量"(监视)网络。Wireshark 不会发送网络包或做其他交互性的事情。

（9）Wireshark 在 Windows 下的安装

您获得的 Wireshark 二进制安装包可能名称类似 Wireshark-setup-x.y.z.exe。Wireshark 安装包包含 WinPcap，所以您不需要单独下载安装它。您只需要在 http://www.wireshark.org/download.html#releases 下载 Wireshark 安装包并执行它即可。除了普通的安装之外，还有几个组件供挑选安装。

- Wireshark GTK1：是一个 GUI 网络分析工具。
- Wireshark GTK2：是一个 GUI 网络分析工具（建议使用 GTK2 GUI 模组工具）。
- Tsshark：一个命令行的网络分析工具。
- Dissector Plugins（分析插件）：带有扩展分析的插件。
- Tree Statistics Plugins（树状统计插件）：统计工具扩展。
- SNMP MIBs: SNMP，MIBS 的详细分析。
- Tools/工具(处理捕捉文件的附加命令行工具)。
- User's Guide：用户手册-本地安装的用户手册。如果不安装用户手册，帮助菜单的大部分按钮的结果可能就是访问 internet。
- Editcap：Editcap 是一个读取捕捉文件的程序，还可以将一个捕捉文件里的部分或所有信息写入另一个捕捉文件。
- Text2Pcap：Tex2pcap 是一个读取 ASCII hex，写入数据到 libpcap 文件的程序。
- Mergecap：Mergecap 是一个可以将多个捕捉文件合并为一个的程序。
- Capinfos：Capinfos is a program that provides information on capture files。Capinfos 是一个显示捕捉文件信息的程序。

（10）用户界面

Wireshark 的主界面如图 1-4 所示。刚打开的 Wireshark 程序各窗口中并无数据显示。WireShark 的界面主要有五个组成部分。

① 菜单（Menus） 菜单位于窗口的最顶部，采用标准的下拉式菜单。常用菜单命令主要有两个：File 和 Capture。File 菜单主要功能是保存捕获的分组数据、打开一个已被保存的捕获分组数据文件和退出 WireShark 程序等功能。Capture 菜单允许你开始捕获分组。

② 捕获分组列表（Listing of Captured Packets） 按行显示已被捕获的分组内容，其中包括：WireShark 赋予的分组序号、捕获时间、分组的源地址和目的地址、协议类型和分组中所包含的协议说明信息等。单击某一列的列名，可以使分组按指定列进行排序。在该列表中，所显示的协议类型是发送或接收分组的最高层协议的类型。

③ 分组头部明细（Details of Selected Packet Header） 显示捕获分组列表窗口中被选中分组的头部详细信息。包括：与以太网帧有关的信息和与包含在该分组中的 IP 数据报有关的信息。单击以太网帧或 IP 数据报所在行左边的向右或向下的箭头可以展开或最小化相关信息。另外，如果利用 TCP 或 UDP 承载分组，WireShark 也会显示 TCP 或 UDP 协议头部信息。最后，分组最高层协议的头部字段也会显示在此窗口中。

5

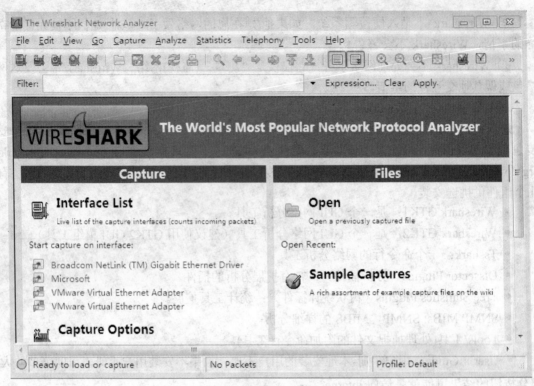

图 1-4　Wireshark 的主界面

④ 分组内容窗口（Packet Content）　以 ASCII 码和十六进制两种格式显示被捕获帧的完整内容。

⑤ 显示筛选规则（Display Filter Specification）　在该字段中，可以填写协议的名称或其他信息，根据此内容可以对分组列表窗口中的分组进行过滤。

【实训步骤】

1. CuteFTP 的实训步骤

（1）设置 FTP 站点

增加 FTP 站点是进行 FTP 操作的第一步，可以手动设置 FTP 站点。

① 运行 CuteFTP，打开"FTP 站点管理"。

② 在弹出的站点管理器窗口中单击"新建"按钮。

③ 如图 1-5 所示，在"站点标签"文本框中输入 FTP 站点的名称，这里输入"中州大学"，在"站点地址"文本框中输入 FTP 服务器地址，在"站点用户名"和"密码"文本框中分别输入登录所需要的站点用户名和密码（一般由服务提供者提供，如果登录站点不需要密码，则在"登录类型"区域中选择"匿名"单选钮，在"FTP 站点连接端口"文本框中输入 FTP 地址的端口，默认值是 21。**提示**：站点地址不能带有 ftp://之类的字头，也不能带有文件夹的路径，而必须是站点本身的地址。密码是区分大小写的。

④ 至此已经新建一个 FTP 站点。

（2）连接站点

连接站点前，要选定待连接的 FTP 站点。在"站点管理器"窗口中，选择刚才建立好的

6

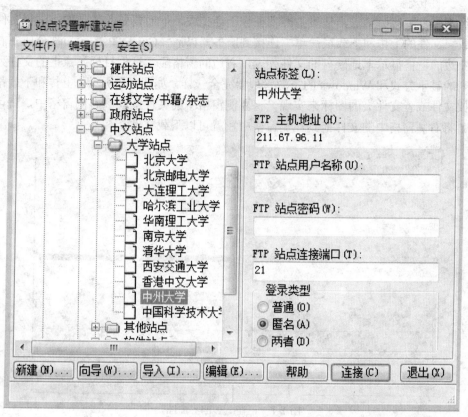

图 1-5　设置新站点

FTP 站点，然后单击"连接"按钮，CuteFTP 便开始连接所选择的站点。**提示**：有些临时的站点可能只需要连接一次，所以不打算将它们添加到站点列表中。此时可以选择"文件-快速连接"菜单，在弹出的对话框中临时填写一个 FTP 服务器的地址，单击端口后面的"快速连接"按钮进行连接，如图 1-6 所示。

图 1-6　连接站点

（3）文件传输

已经连接上了目标站点，基本上准备工作已经完成，下面要做的就是如何进行文件的上传和下载。文件的上传和下载很简单。连接到服务器以后，CuteFTP 的窗口被分成左右两个窗格。左边的窗格显示本地硬盘的文件列表，右边的窗格显示远程目标站点上的文件列表。文件列表的显示方式和 Windows 的资源管理器完全一样，如图 1-7 所示。上传和下载都可以通过拖拽文件或者文件夹的图标来实现。将左侧窗格中的文件拖动到右侧窗格中，就可以上传文件。将右侧窗格中的文件拖到左侧窗格中，就可以下载文件。

图 1-7　正在上传的界面图

实例　下载中州大学站点上的文件"CTeX-2.4.0-Full.exe"。操作步骤如下。

步骤 1：启动 CuteFTP，在弹出的"站点管理器"窗口中选择站点"中州大学"，单击"连接"按钮，登录到 FTP 服务器上。

步骤 2：在程序窗口右边的窗格中选择"CTeX-2.4.0-Full.exe"文件。

步骤 3：单击工具栏中的"下载"按钮。

步骤 4：下载完成以后，在工具栏上单击"断开连接"按钮。

2. Serv-U 软件的实训步骤

（1）安装

以 Serv-U-FTP Server6.3 为例，执行其中的"ServU6300.exe"，即可开始安装；全部选默认选项即可。安装完成后不需重新启动，直接在"开始→程序→Serv-U FTP Server"中就能看到相关文件。如图 1-8 所示。

（2）创建一个本地 FTP 服务器

创建一个本地 FTP 服务器主要完成该服务器内的域以及域内用户的创建两部分内容。

① 创建域

步骤 1：选择主界面（如图 1-2）中"域"（Domain）项，然后单击鼠标右键菜单中的"新

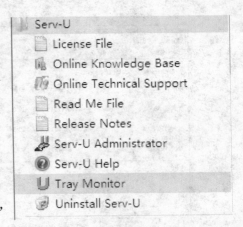

图 1-8　Serv-U 程序组

8

建域"（New Domains）菜单打开如图 1-9 所示的"添加新建域-第一步"窗口。在这里你可以设置 IP 地址，如果你自己有服务器，有固定的 IP，这个窗口主要设置 IP 地址，如果你只是在自己电脑上建立 FTP，而且又是拨号用户，有的只是动态 IP，没有固定 IP，这一步就省略，Serv-U 会自动确定你的 IP 地址。

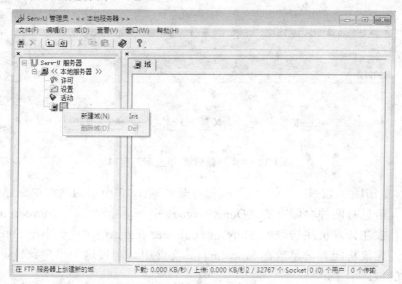

图 1-9 Serv-U 主界面

步骤 2：单击图 1-10 中"下一步"打开如图 1-11 所示的"添加新建域-第二步"窗口。在这里要你输入你的域名，如果你有的话，如：**ftp.abc.com**。没有可任意填一个。

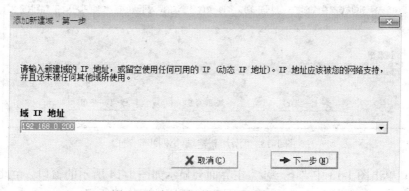

图 1-10 "添加新建域-第一步"窗口

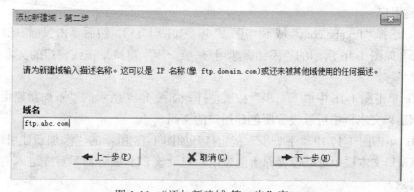

图 1-11 "添加新建域-第二步"窗口

步骤 3：单击图 1-11 中"下一步"打开如图 1-12 所示的"添加新建域-第三步"窗口。在这里可以设置该域的端口号，端口号的取值范围在 1～65535 之间，FTP 服务器的默认端口号是 21。

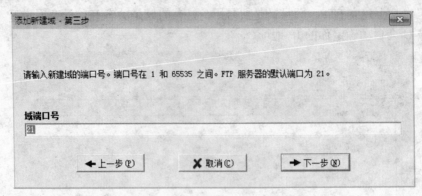

图 1-12　"添加新建域-第三步"窗口

步骤 4：单击图 1-12 中"下一步"按钮打开如图 1-13 所示的"添加新建域-第四步"窗口。域配置信息有两种存储方式（Domain type）：一种是存放在 Store in .ini 文件中，另外一种是存放在计算机注册表中(Store in computer registry)。对于小于 500 个用户的小型站点来说，建议将配置信息放在 Store in .ini 文件中，超过这个用户数目可以考虑使用注册表类型的域。

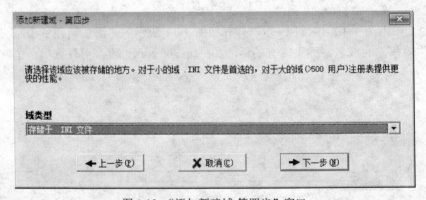

图 1-13　"添加新建域-第四步"窗口

步骤 5：单击图 1-13 中"下一步"主界面会显示如图 1-14 所示的窗口。至此，该服务器一个名为 ftp.ab.com 的域创建成功。下面就可以给该域添加用户了。

② 创建用户

步骤 1：选择"ftp.abc.com"域下"用户"项（如图 1-15），然后单击鼠标右键菜单项"新建用户"打开如图 1-16 所示的"添加新建用户-第一步"窗口。在该窗口的文本框中输入要创建的用户名称。

步骤 2：单击图 1-16 中"下一步"按钮，打开如图 1-17 所示的"添加新建用户-第二步"窗口。在该窗口文本框中可以设置所创建用户的密码。

步骤 3：单击图 1-17 中"下一步"按钮打开如图 1-18 所示的"添加新建用户-第三步"窗口。在该窗口文本框中可以设置你所创建用户登录该 FTP 服务器后首先进入的目录（即该用户的主目录）。

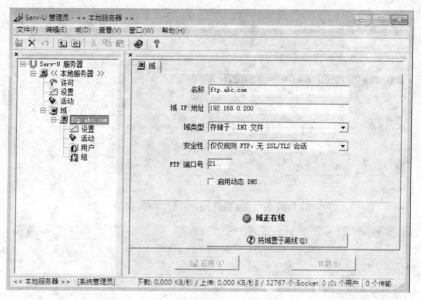

图 1-14　Serv-U 主界面

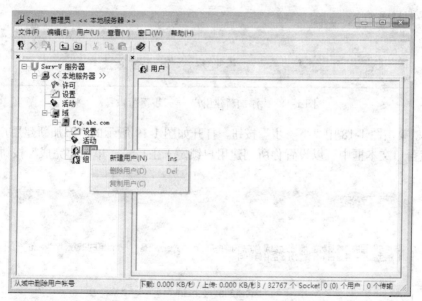

图 1-15　Serv-U 主界面

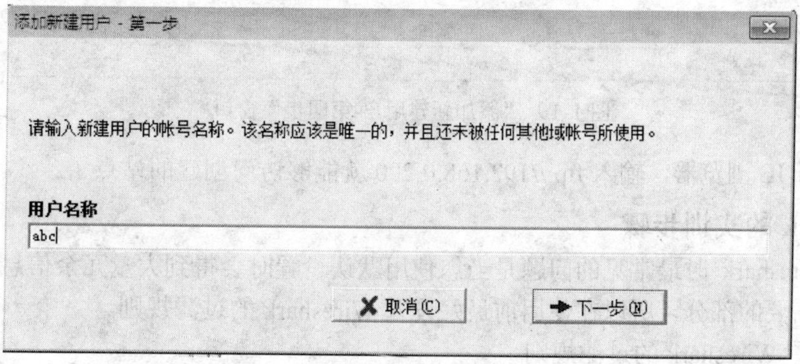

添加新建用户·第一步

请输入新建用户的帐号名称。该名称应该是唯一的，并且还未被任何其他域帐号所使用。

用户名称

abc

✗ 取消(C)　　　➡ 下一步(N)

图 1-16　"添加新建用户-第一步"窗口

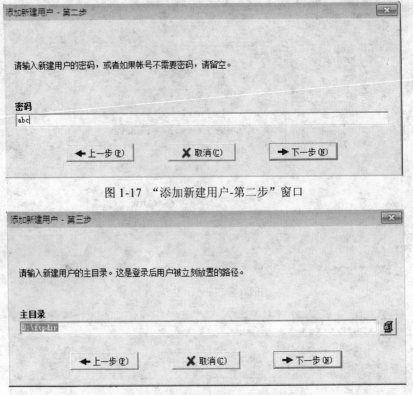

图 1-17 "添加新建用户-第二步"窗口

图 1-18 "添加新建用户-第三步"窗口

步骤 4：单击图 1-18 中"下一步"按钮，打开如图 1-19 所示的"添加新建用户-第四步"窗口。在该窗口文本框中可以设置你所创建用户锁定于主目录。单击"完成"按钮后创建用户结束。

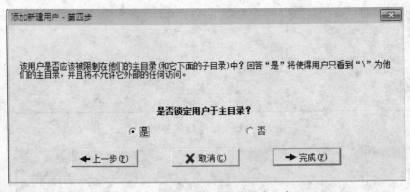

图 1-19 "添加新建用户-第四步"窗口

可以打开 IE 浏览器，输入 ftp://192.168.0.200 就能够访问创建的站点了。

3. Wireshark 的实训步骤

使用 Wireshark 时最常见的问题是当您使用默认设置时会得到大量冗余信息，以至于很难找到自己需要的部分，所以在使用前最好设置 Wireshark 的过滤规则。

（1）设置 Wireshark 的过滤规则

在用 Wireshark 截获数据包之前，应该为其设置相应的过滤规则，可以只捕获感兴趣的数据包。Wireshark 使用与 Tcpdump 相似的过滤规则，并且可以很方便地存储已经设置好的过滤规则。要为 Wireshark 配置过滤规则，首先单击"Capture"选单，然后选择"Capture Filters..."菜单项，打开"Wireshark：Capture Filter"对话框。因为此时还没有添加任何过滤规则，因而该对话框右侧的列表框是空的（如图 1-20 所示）。在 Wireshark 中添加过滤器时，需要为该过滤器指定名字及规则。

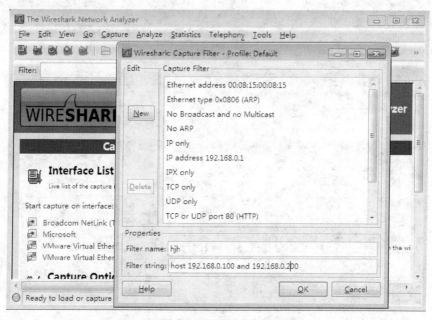

图 1-20　添加过滤器

例如，要在主机 192.168.0.100 和 192.168.0.200 间创建过滤器，可以在"Filter name"编辑框内输入过滤器名字"hjh"，在"Filter string"编辑框内输入过滤规则"host 192.168.0.100 and 192.168.0.200"，然后单击"New"按钮即可。

在 Wireshark 中使用的过滤规则和 Tcpdump 几乎完全一致，这是因为两者都基于 pcap 库的缘故。Wireshark 能够同时维护很多个过滤器。网络管理员可以根据实际需要选用不同的过滤器，这在很多情况下是非常有用的。例如，一个过滤器可能用于截获两个主机间的数据包，而另一个则可能用于截获 ICMP 包来诊断网络故障。单击"Save"按钮，回到对话框。单击"Close"按钮完成设置。

（2）指定过滤器

要将过滤器应用于嗅探过程，需要在截获数据包之前或之后指定过滤器。要为嗅探过程指定过滤器，并开始截获数据包，可以单击"Capture"选单，选择"Start..."选单项，打开"interface"对话框，单击该对话框中的"Filter:"按钮，然后选择要使用的网络接口，如图 1-21 所示。在"Capture Options"对话框中，如果"Update list of packets in real time"复选框被选中了，那么可以使每个数据包在被截获时就实时显示出来，而不是在嗅探过程结束之后才显示所有截获的数据包。

在选择了所需要的过滤器后，单击"OK"按钮，整个嗅探过程就开始了。Wireshark 可以实时显示截获的数据包，因此能够帮助网络管理员及时了解网络的运行状况，从而使其对网络性能和流量能有一个比较准确的把握，如图 1-22 所示。

13

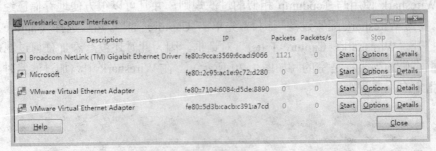

图 1-21　指定网络接口

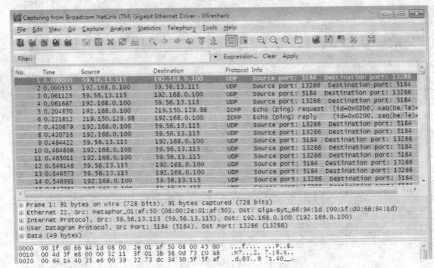

图 1-22　实时显示截获的数据包

（3）用 Wireshark 分析互联网数据包

下面看看 Wireshark 对于互联网数据的分析。Wireshark 和其他的图形化嗅探器使用基本类似的界面，整个窗口被分成三个部分：最上面为数据包列表，用来显示截获的每个数据包的总结性信息；中间为协议树，用来显示选定的数据包所属的协议信息；最下边是以十六进制形式表示的数据包内容，用来显示数据包在物理层上传输时的最终形式。使用 Wireshark 可以很方便地对截获的数据包进行分析，包括该数据包的源地址、目的地址、所属协议等。图 1-23 是在 Wireshark 中对一个 HTTP 数据包进行分析时的情形。在图最上边的数据包列表中，显示了被截获的数据包的基本信息。

图 1-23 中间是协议树，通过协议树可以得到被截获的数据包的更多信息，如主机的 MAC 地址（Ethernet II）、IP 地址（Internet Protocol）、TCP 端口号（Transmission Control Protocol）以及 HTTP 协议的具体内容（Hypertext Trnasfer Protocol）。通过扩展协议树中的相应节点，可以得到该数据包中携带的更详尽的信息。图 1-23 最下边是以十六制显示的数据包的具体内容，这是被截获的数据包在物理媒体上传输时的最终形式，当在协议树中选中某行时，与其对应的十六进制代码同样会被选中，这样就可以很方便地对各种协议的数据包进行分析。要获取更加详细信息可以是点击该封包选择"Follow TCP Stearm"，如图 1-24 所示。信息表明该数据包中含有一个 HTTP 的 GET 命令，访问的网站是：www.zhzhu.edu.cn。客户端使用的 IE 8.0 浏览器，操作系统 Windows。

14

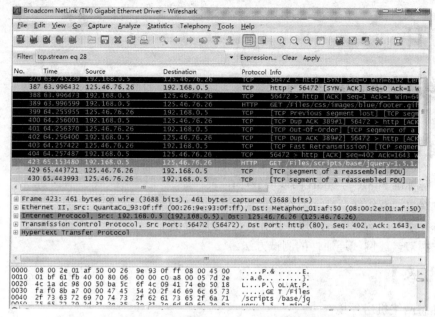

图 1-23　用 Wireshark 分析互联网数据包内容

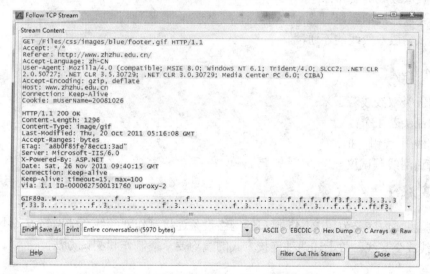

图 1-24　使用 Follow TCP Stearm 查看详细信息

【实训总结】

本次实训主要学习 CuteFTP、Serv-U 和 Wireshark 软件的使用，能够使用 CuteFTP 访问 FTP 站点下载文件，能够使用 Serv-U 软件配置 FTP 站点，能够使用 Wireshark 软件进行网络数据包的分析。

【思考题】

在你的主机上运行 Wireshark，然后登录你的邮箱，查看你的用户 ID 和密码是如何传送到邮件服务器的。

实训项目二

双绞线的制作方法

【实训目的】

① 了解标准 568A 与 568B 网线的线序；

② 掌握直通双绞线、交叉双绞线的制作方法；

③ 掌握剥线/压线钳和普通网线测试仪的使用方法；

④ 掌握双绞线网线连通性的测试方法。

【实训内容】

① 熟悉网络机房环境；

② 一般双绞线的制作；

③ 交叉双绞线的制作；

④ 测试一般双绞线的连通性。

【实训环境】

① 超五类双绞线若干米；

② 水晶头若干个；

③ 剥线/压线钳一把；

④ 普通网线测试仪一个。

【理论基础】

本实验主要内容是为用 RJ-45 接口的网络设备连接制作双绞线。随网络设备不同，可能用到直通线或交叉线。故上述两种连接方式的线均要掌握制作和测试方法。

1. 双绞线

双绞线（Twisted Pair）是由两条相互绝缘的导线按照一定的规格互相缠绕（一般以顺时针缠绕）在一起而制成的一种通用配线，属于信息通信网络传输介质。双绞线过去主要是用来传输模拟信号的，但现在同样适用于数字信号的传输。双绞线采用了一对互相绝缘的金属导线互相绞合的方式来抵御一部分外界电磁波干扰，更主要的是降低自身信号的对外干扰。把两根绝缘的铜导线按一定密度互相绞在一起，可以降低信号干扰的程度，每一根导线在传输中辐射的电波会被另一根线上发出的电波抵消，"双绞线"的名字也是由此而来。

双绞线一般由两根 22～26 号绝缘铜导线相互缠绕而成，实际使用时，双绞线是由多对双绞线一起包在一个绝缘电缆套管里的，如图 2-1。典型的双绞线有四对的，也有更多对双绞线放在一个电缆套管里的。这些称之为双绞线电缆。在双绞线电缆（也称双扭线电缆）内，不同线对具有不同的扭绞长度，一般地说，扭绞长度在 38.1mm～14cm 内，按逆时针方向扭

图 2-1　双绞线

图 2-2　一类双绞线

图 2-3　二类双绞线

绞。相邻线对的扭绞长度在 12.7mm 以上，一般扭线越密其抗干扰能力就越强，与其他传输介质相比，双绞线在传输距离、信道宽度和数据传输速度等方面均受到一定限制，但价格较为低廉。

2. 双绞线的分类

双绞线一般分为屏蔽与非屏蔽双绞线，通常使用非屏蔽双绞线。

屏蔽双绞线电缆的外层由铝箔包裹，以减小辐射。屏蔽双绞线价格相对较高，安装时要比非屏蔽双绞线电缆困难，一般不常用。

双绞线又可分为以下七类线，其中常见的双绞线有三类线、五类线、超五类线、六类线和七类线，前者线径细而后者线径粗。

一类线：可转送语音，不用于传输数据，常见于早期电话线路、电信系统。如图 2-2 所示。

二类线：传输频率为 1MHz，可传输语音和最高传输速率 4Mbps 的数据，常见于使用 4Mbps 规范令牌传递协议的旧的令牌网。如图 2-3 所示。

三类线：指目前在 ANSI 和 EIA/TIA568 标准中指定的电缆，该电缆的传输频率为 16MHz，用于语音传输及最高传输速率为 10Mbps 的数据传输，主要用于 10BASE-T，制作质量严格的三类线，也可用于 100BASE-T 计算机网络。如图 2-4 所示。

四类线：传输频率为 20MHz，用于语音传输和最高传输速率 16Mbps 的数据传输，主要用于基于令牌的局域网和 10BASE-T 或 100BASE-T。如图 2-5 所示。

五类线：增加了绕线密度，外套一种高质量的绝缘材料，传输频率为 100MHz，用于 10BASE-T 或 100BASE-T，制作质量严格的五类线，也可用于 1000BASE-T。如图 2-6 所示。

图 2-4　三类 100 对非屏蔽双绞电缆

图 2-5　四类双绞线

图 2-6　五类 25 对双绞线

超五类线：具有衰减小、串扰少等性能，并且具有更高的衰减与串扰的比值（ACR）和信噪比（Structural Return Loss），以及具有更小的延误差，性能得到很大提高。超五类线主要用于千兆位以太网（1000Mbps）。这是最常用的以太网电缆。如图 2-7 所示。

六类线：该类电缆的传输频率为 1～250MHz，六类布线系统在 200MHz 时综合衰减串扰比（PS-ACR）应该有较大的余量，它提供 2 倍于超五类的带宽。六类布线的传输性能远

17

图 2-7　超五类 F/UTP 　　　　图 2-8　六类非屏蔽 　　　　图 2-9　七类线
屏蔽电缆 219420-2 　　　　双绞线/6-1427200-6

远高于超五类标准，最适用于传输速率高于 1Gbps 的应用。六类与超五类的一个重要的不同点在于：改善了在串扰以及回波损耗方面的性能，对于新一代全双工的高速网络应用而言，优良的回波损耗性能是很重要的。六类标准中取消了基本链路模型，布线标准采用星形的拓扑结构，要求的布线距离为：永久链路的长度不能超过 90m，信道长度不能超过 100m。如图 2-8 所示。

七类线：带宽为 600MHz，可能用于今后的 10GBit 以太网。如图 2-9 所示。

通常，计算机网络所使用的是三类线和五类线，其中 10BASE-T 使用的是三类线，100BASE-T 使用的五类线。

3. RJ-45 连接器和双绞线线序

（1）RJ-45 连接器

目前很多网络设备、设施均提供双绞线连接所用的 RJ-45 接口，它一共有 8 个连接弹簧片，大多数场合只用到编号为 1、2、3 和 6 的簧片。与 RJ-45 接口相搭配的是 RJ-45 接头，因其外壳材料大多为透明塑料，故称为水晶头。水晶头是一种只能沿固定方向插入并自动防止脱落的塑料接头，如图 2-10 所示。RJ-45 连接器前端有 8 个凹槽，简称 8P（Position，位置）。凹槽内的金属接点共有 8 个，简称 8C（Contact，触点），所以 RJ-45 又被称为 8P8C。双绞线的两端必须都安装这种 RJ-45 插头，以便插在网卡、集线器或交换机的 RJ-45 接口上，进行网络通讯。

图 2-10　RJ-45 连接器

（2）双绞线制作标准

目前在 10BaseT、100BaseT 以及 1000BaseT 网络中，最常使用的布线标准有两个，即 EIA/TIA568A 标准和 EIA/TIA568B 标准，即 T568A 和 T568B，其线序如下。

① T568A：1 白绿、2 绿、3 白橙、4 蓝、5 白蓝、6 橙、7 白棕、8 棕。

② T568B：1 白橙、2 橙、3 白绿、4 蓝、5 白蓝、6 绿、7 白棕、8 棕。

若双绞线两端都是按 T568B 制作，则为直通线。它一般用于 PC 到交换机或 HUB 连接；如果双绞线的两端采用不同的连接标准（如一端用 T568A，另一端用 T568B），则称这根双绞线为交叉线。能用于同种类型设备连接，如计算机与计算机的直连、集线器与集线器的级联。需要注意的是：有些集线器（或交换机）本身带有"级联端口"，当用某一集线器的"普通端口"与另一集线器的"级联端口"相联时，因"级联端口"内部已经做了"跳接"处理，所以这时只能用"直通"双绞线来完成其连接。

在网络工程中，为进行网线的管理和维护，要用书签线在同一根双绞线两端作相同的标记。

直通线和交叉线的线序如图 2-11 所示。

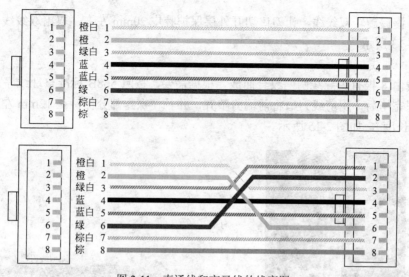

图 2-11 直通线和交叉线的线序图

4. 压线钳

压线钳是制作网线的工具，可以完成剪线、剥线和压线 3 个步骤。压线钳目前市面上有好几种类型，而实际的功能以及操作都是大同小异，一般都提供三种不同的功能。

5. 测试工具

可以选用三种工具：万用表、电缆扫描仪或简易电缆测试仪。其中万用表只能测试电缆一股线两端是否通，操作非常不便；电缆测试仪除了可以测试连通性外，还可以测试其他传输参数，价格非常昂贵，一般用于工程验收；而简易电缆测试仪可以用 8 个 LED 来显示双绞线各股线连接情况，操作很方便，价格也较便宜，是很实用的双绞线测试工具。

电缆测试仪用来对同轴电缆的 BNC 接口网线以及 RJ-45 接口的网线进行测试，判断制作的网线是否有问题。电缆测试仪分为信号发射器和信号接收器两部分，各有 8 盏信号灯，如图 2-12 所示。测试时，需要打开电源，再将双绞线两端分别插入信号发射器和信号接收器。

图 2-12 电缆测试仪

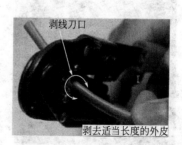

图 2-13 剥线

【实训步骤】

1. 直通线的制作

步骤 1：剥线

利用压线钳的剪线刀口将线头剪齐，再将双绞线伸入剥线刀口，线头抵住挡板，然后握紧压线钳并慢慢旋转双绞线，让刀口切开外层保护胶皮 20mm 左右，取出双绞线，将胶皮剥去。如图 2-13 所示。

步骤 2：理线

双绞线由 8 根有色导线两两绞合而成，根据需要，按照 568B 标准整理线序，如图 2-14 所示。整理完毕后，用剪线刀口将前端剪整齐，并且使裸露部分保持在 12mm 左右（稍长于 RJ-45 接头长度），如图 2-15 所示。

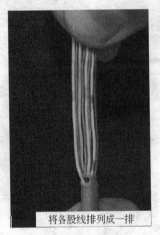

将各股线排列成一排

图 2-14　理线

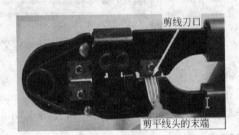

剪线刀口

剪平线头的末端

图 2-15　剪平线头的末端

步骤 3：插线

一只手捏住水晶头，使水晶头有弹片的一侧向下，另一只手捏住双绞线，使双绞线平整，稍用力将排好序的线插入水晶头的线槽中，8 根导线顶端应插入线槽顶端，且外皮也同时在水晶头内，如图 2-16 所示。

步骤 4：压线

确认所有导线插入到位后，将水晶头放入压线钳夹槽中，用力捏压线钳，使 RJ-45 接头中的金属压入到双绞线中。如图 2-17 所示。

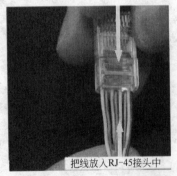

把线放入RJ-45接头中

图 2-16　插线

压头槽

按正确方向插入压线钳

图 2-17　压线

步骤 5：测线

两端水晶头压好后，用电缆测试仪检测双绞线的连通性。检测时将两端水晶头分别插入测试仪的两个接口之后，打开测试仪可以看到测试仪上的两组指示灯都在闪动。若测试的线缆为直通线缆的话，在测试仪上的 8 个指示灯应该依次为绿色闪过，证明了网线制作成功，可以顺利地完成数据的发送与接收。若测试的线缆为交叉线缆的话，其中一侧同样是依次由1～8闪动绿灯，而另外一侧则会根据3、6、1、4、5、2、7、8这样的顺序闪动绿灯。若出现任何一个灯为红灯或黄灯，都证明存在断路或者接触不良现象，此时最好先对两端水晶头再用网线钳压一次，再测，如果故障依旧，再检查一下两端芯线的排列顺序是否一样，如果不一样，随剪掉一端重新按另一端芯线排列顺序制做水晶头。如果芯线顺序一样，但测试仪仍显示红色灯或黄色灯，则表明其中肯定存在对应芯线接触不好。此时没办法了，只好先剪掉一端按另一端芯线顺序重做一个水晶头，再测，如果故障消失，则不必重做另一端水晶头，否则还得把原来的另一端水晶头也剪掉重做。直到测试全为绿色指示灯闪过为止。

步骤6：标记线头

测试通过后，为确定安装时工作站与 HUB 端口关系，需用书签纸把同一编号写好，然后贴到双绞线两端作标记。

2. 交叉线的制作

制作和测试方法与直通线基本相同。剪去直通线的一端，重新制作该端，在排线时要注意按 T568A 标准。测试时要注意 LED 灯的关系为 1-3、2-6、3-1、4-4、5-5、6-2、7-7、8-8。

3. 制作双绞线时需注意的问题

① 在双绞线压接处不能拧、撕，防止有断线的伤痕；使用 RJ-45 压线钳连接时，要压实，不能有松动。

② 剥线时千万不能把芯线剪破或剪断，否则会造成芯线之间短路或不通，或者会造成相互干扰，通信质量下降。

③ 双绞线颜色与 RJ-45 水晶头接线标准是否相符，应仔细检查，以免出错。

④ 插线一定要插到底，否则芯线与探针接触会较差或不能接触。

⑤ 在排线过程中，左手一定要紧握已排好的芯线，否则芯线会移位，造成白线之间不能分辨，出现芯线错位现象。

⑥ 双绞线外皮是否已插入水晶头后端，并被水晶头后端夹住，这直接关系到所做线头的质量，否则在使用过程中会造成芯线松动。

⑦ 压线时一定要均匀缓慢用力，并且要用力压到底，使探针完全刺破双绞线芯线，否则会造成探针与芯线接触不良。

⑧ 双绞线两端水晶头接线标准应做到相同设备相异、相异设备相同的原则，如不明确，应查其他相关资料。

⑨ 测试时要仔细观察测试仪两端指示灯的对应是否正确，否则表明双绞线两端排列顺序有错，不能以为灯能亮就可以。

【实训总结】

通过实验掌握直通双绞线和交叉双绞线的制作方法；会使用剥线/压线钳剥线和压线，会使用网线测试仪进行双绞线网线连通性的测试。

【思考题】

1. 如何制作直通双绞线和交叉双绞线？
2. 如何测试双绞线的连通性？

实训项目三

虚拟机的使用及网络操作系统的安装

【实训目的】

① 掌握虚拟机软件 VMware 的安装方法；
② 掌握 VMware 虚拟机的使用方法；
③ 学会 Windows Server 2003 的安装；
④ 掌握虚拟机的基本功能。

【实训内容】

① 虚拟机软件 VMware 的安装；
② 虚拟机软件 VMware 的使用；
③ Windows 2003 Server 系统的安装。

【实训环境】

① 安装完系统的 PC 机一台（最低配置为 Pentirm IV、200MB 内存、8G 硬盘、10/100M 自适应网卡）；
② VMWare 安装软件；
③ Windows 2003 Server 安装光盘或 ISO 文件。

【理论基础】

1. 虚拟机 VM（Virtual Machine）

虚拟机指通过软件模拟的具有完整硬件系统功能的、运行在一个完全隔离环境中的完整计算机系统。

通过虚拟机软件，你可以在一台物理计算机上模拟出一台或多台虚拟的计算机，这些虚拟机完全就像真正的计算机那样进行工作，例如你可以安装操作系统、安装应用程序、访问网络资源等。对于你而言，它只是运行在你物理计算机上的一个应用程序，但是对于在虚拟机中运行的应用程序而言，它就是一台真正的计算机。因此，当在虚拟机中进行软件评测时，可能系统一样会崩溃，但是，崩溃的只是虚拟机上的操作系统，而不是物理计算机上的操作系统，并且，使用虚拟机的"Undo"（恢复）功能，可以马上恢复虚拟机到安装软件之前的状态。

目前流行的虚拟机软件有 VMware(VMWare ACE)、Virtual Box 和 Virtual PC，它们都能在 Windows 系统上虚拟出多个计算机。

2. 虚拟机软件 VMware

VMware 是 VMware 公司出品的一个多系统安装软件。利用它，你可以在一台电脑上将硬盘和内存的一部分拿出来虚拟出若干台机器，每台机器可以运行单独的操作系统而互不干扰，这些"新"机器各自拥有自己独立的 CMOS、硬盘和操作系统，你可以像使用普通机器一样对它们进行分区、格式化、安装系统和应用软件等操作，所有的这些操作都是一个虚拟的过程不会对真实的主机造成影响，还可以将这几个操作系统联成一个网络。

Vmware 的特点如下。

① 可同时在同一台 PC 上运行多个操作系统，每个 OS 都有自己独立的一个虚拟机，就如同网络上一个独立的 PC。

② 在 Windows NT/2000 上同时运行两个 VM，相互之间可以进行对话，也可以在全屏方式下进行虚拟机之间对话，不过此时另一个虚拟机在后台运行。

③ 在 VM 上安装同一种操作系统的另一发行版，不需要重新对硬盘进行分区。

④ 虚拟机之间共享文件、应用、网络资源等。

⑤ 可以运行 C/S 方式的应用，也可以在同一台计算机上使用另一台虚拟机的所有资源。

在 Vmware 的窗口上，模拟了多个按键，分别代表打开虚拟机电源、关闭虚拟机电源、Reset 键等。这些按键的功能就如同真正的按键一样。

VMware 可以使你在一台机器上同时运行两个或更多 Windows、DOS、LINUX 系统。与"多启动"系统相比，VMWare 采用了完全不同的概念。多启动系统在一个时刻只能运行一个系统，在系统切换时需要重新启动机器。VMWare 是真正"同时"运行，多个操作系统在主系统的平台上，就像标准 Windows 应用程序那样切换。而且每个操作系统都可以进行虚拟的分区、配置而不影响真实硬盘的数据，甚至可以通过网卡将几台虚拟机用网卡连接为一个局域网，极其方便。安装在 VMware 操作系统性能上比直接安装在硬盘上的系统低不少，因此，比较适合学习和测试。使我们可以在同一台 PC 机上同时运行 Windows NT、Linux、Windows 9x、FreeBSD 等，可以在使用 Linux 的同时，即时转到 Win 9x 中运行 Word。如果要使用 Linux，只要轻轻一点，又回到 Linux 之中。就如同有两台计算机在同时工作。

3. 网络操作系统（NOS）

（1）网络操作系统简介

网络操作系统是使网络中的各种资源有机地连接起来，提供网络资源共享、网络通信功能和网络服务功能的操作系统，是为网络用户提供所需的各种服务软件和有关规程的集合。它是网络的心脏和灵魂。其主要目标：使用户能够在网络上的各个计算机站点上去方便、高效地享用和管理网络上的各种资源。

（2）网络操作系统的特征

① 开放性：指系统遵循国际标准规范，凡遵循国际标准所开发的硬件和软件，都能彼此兼容、方便地实现互连。

② 一致性：指网络向用户、低层向高层提供一个一致性的服务接口。

③ 透明性：指某实际存在实体的不可见性，也就是对使用者来说，该实体看起来是不存在的。

（3）网络操作系统的功能

网络通信、共享资源管理、网络管理、网络服务、互操作、提供网络接口等。

（4）网络操作系统的分类

Windows NT/Server 2000/Server 2003、Netware、UNIX、Linux。

4. Windows Server 2003

Windows Server 2003 是微软的服务器操作系统。最初叫做"Windows .NET Server"，后改成"Windows .NET Server 2003"，最终被改成"Windows Server 2003"，于 2003 年 3 月 28 日发布，并在同年四月底上市。Windows Server 2003 界面已全面换上 Windows XP 的"外套"。在相同硬件配置下，启动速度和程序运行速度比 Windows Server 2000 要快许多，在低档硬件配置下和运行像 Photoshop 这样的大型软件时表现得更明显。Windows Server 2003 有自己独有的设备管理模式，内置了大多数主流硬件的驱动程序。Windows Server 2003 具有高性能特点，改进并增强了远程控制功能，增加了原来通过 Netmeeting 才能实现的"远程桌面连接"，使系统管理员对网络的控制和管理大大加强。Windows Server 2003 堵完了已发现的所有 NT 漏洞，而且还重新设计了安全子系统，增加了新的安全认证，改进了安全算法，具有高安全性。

5. 安装 Windows Server 2003 的硬件要求

处理器：建议主频大于或等于 550MHz（支持的最低主频为 133MHz），一个或多个处理器。每台计算机最多支持 8 个处理器。建议使用 Intel Pentium/Celeron 系列、AMDK6/A/Duron 系列或兼容处理器。

内存：≥256MB RAM（最小支持 128MB，最大支持 32GB）。

硬盘：可用空间约 2GB。

光驱：若用光驱安装，则需 CD-ROM 或 DVD 驱动器支持。

【实训步骤】

1. 虚拟机软件 VMware Workstation 的安装

① 双击安装程序后来到 VMware Workstation 安装向导界面。

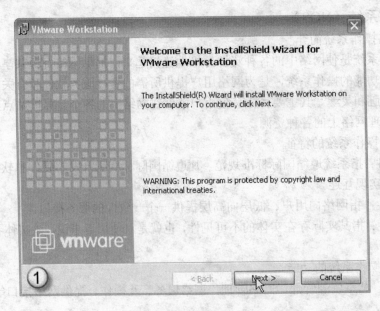

② 选中"Yes，I accept the terms in the license agreement"。

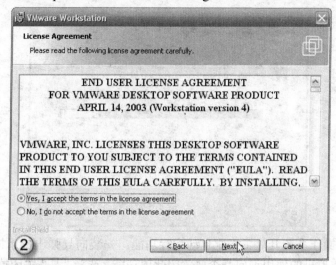

③ 选择将 VMware Workstation 安装在默认的路径下。

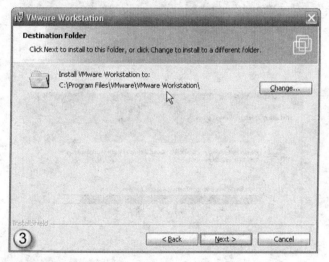

④ 确定无误后单击"Install"。

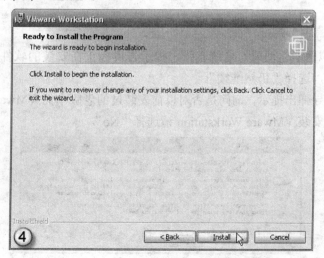

⑤ 安装进行中……

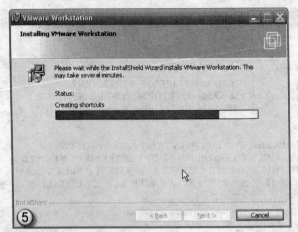

⑥ 如果主机操作系统开启了光驱自动运行功能，安装向导弹出提示框提示光驱的自动运行功能将影响虚拟机的使用询问是否要关闭此项功能，选择"是"关闭掉主机的此项功能。

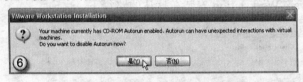

⑦ 安装继续。

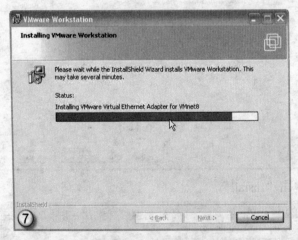

⑧ 在安装虚拟网卡驱动时，系统会弹出提示告诉你正在安装的软件没有通过微软的徽标测试，不必理睬，选择"仍然继续"。

安装完毕时向导弹出提示，询问是否对以前安装过的老版本的 VMware Workstation 进行搜索，如果第一次安装 VMware Workstation 请选择"No"。

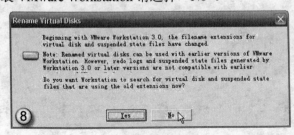

⑨ 安装完成。

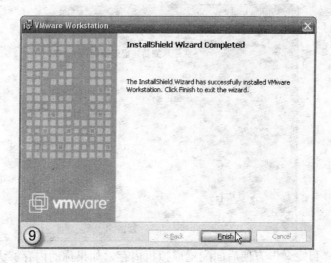

⑩ 重启计算机。

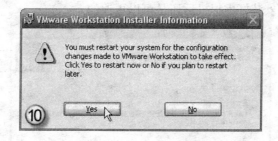

2. 虚拟机的使用

① 创建一个虚拟机。

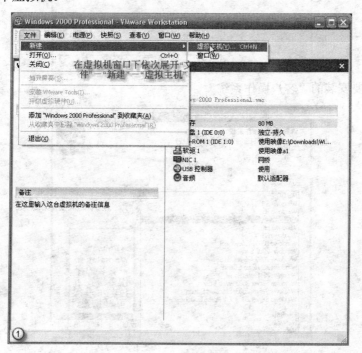

② 出现"新建虚拟机向导"窗口。

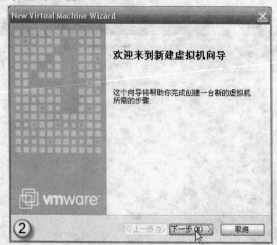

③ 建议选择"自定义"方便后面配置虚拟机内存，如果你的内存够大（512M 以上），可以选择"典型"。

说明：这些配置在安装好虚拟机后还是可以更改的。

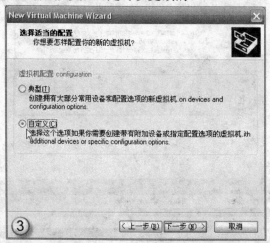

④ 选择需要安装的"客户操作系统"。

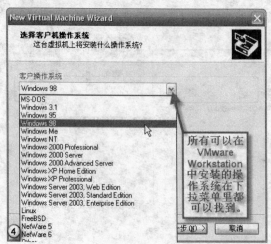

⑤ 输入虚拟机名和存放虚拟机文件的文件夹的路径。

⑥ 分配虚拟机内存。**注意输入的数值必须是 4MB 的整倍数。**

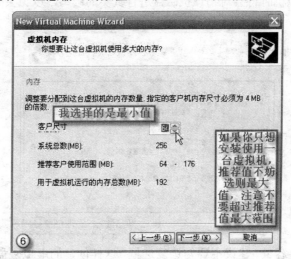

⑦ 添加网络类型。

a. 网桥。网桥允许你连接你的虚拟机到由你的主机使用的局域网(LAN)。它连接虚拟机中的虚拟以太网交换机到主机中的物理以太网适配器。

b. NAT。网络地址翻译(NAT)设备允许你连接你的虚拟机到一个外部网络，在该网络中你只拥有一个 IP 网络地址，并且它已经被主机使用。例如，你可以使用 NAT 通过主机上的一个拨号网络连接或者通过主机的以太网适配器、无线以太网适配器或者令牌环卡连接你的虚拟机到 Internet。

c. 仅为主机适配器。仅为主机适配器是一个虚拟以太网适配器，它在你的主机操作系统中显示为 VMware Virtual Ethernet Adapter。它允许在主机和该主机上的虚拟机之间进行通信。创建仅为主机适配器的软件在你安装 VMware Workstation 并且选择让仅为主机网络对于虚拟机可用时被安装。当使用仅为主机网络创建一台新的虚拟机时，一个仅为主机适配器被自动创建。可以在需要额外的仅为主机适配器的自定义配置中安装使用它们。这里选择第一个"使用桥接网络"，因为这种连接方式最简单。

29

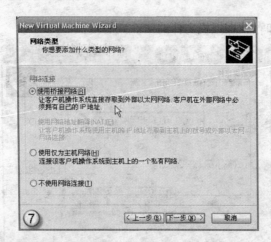

⑧ 选择一个磁盘。初次安装使用 VMware Workstation 建议选第一项，第二项的意思是当你安装第二个（或更多）虚拟机时让这些虚拟机共用一个已建立好的磁盘空间，如果你的硬盘够大，还是推荐你建立另外一个虚拟机时仍然选择第一个选项，不过千万不要选择第三项，因为选择此项后操作虚拟机时将会对物理机磁盘进行真实的读写，以免丢失主机上保存的资料。

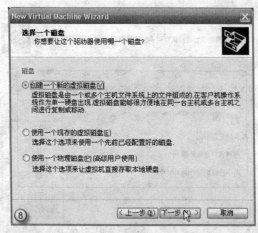

⑨ 指定虚拟磁盘容量。建议不要勾选复选框，这样创建的虚拟磁盘将会如图中描述的那样大小随着对虚拟磁盘安装操作系统和应用软件的多少而增加。大小可以保持默认的 4GB，这对安装常用的操作系统和应用软件来说已经足够了。

⑩ 创建后缀名为.vmdk 的磁盘文件并指明其存放路径。默认路径为存放虚拟机文件的文件夹的路径下。

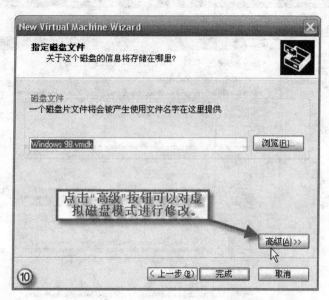

⑪ 进入"磁盘高级选项"。选择 SCSI 磁盘类型可以最大限度地发挥出虚拟磁盘性能，这里选择的是默认的 IDE 磁盘类型。在模式选项中，"独立→持久"磁盘模式不支持快照，并且对虚拟机的操作修改会将数据直接、永久的写入磁盘，这里保持默认的选项。

单击"完成"，新的虚拟机就建立完毕。

注：将来在关闭虚拟机状态下可以对虚拟硬盘进行碎片整理。

3. Windows 2003 Server 系统的安装

步骤 1：启动虚拟机 VMWare，选择"New Virtual Machine"。

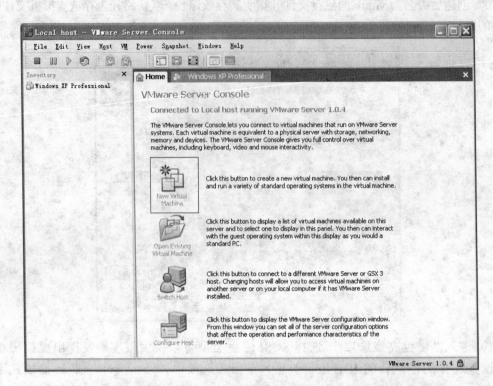

步骤 2：出现欢迎界面后，直接下一步，选择安装模 [默认 Typical]。

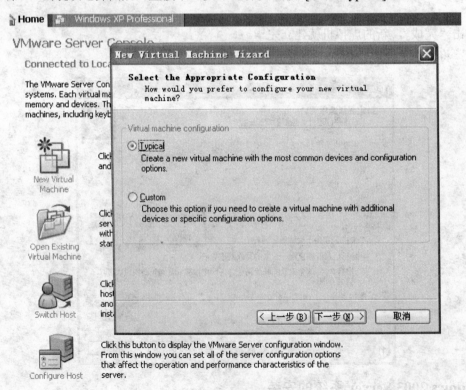

步骤 3：选择安装的系统类型 Windows 2003 enterprise。

32

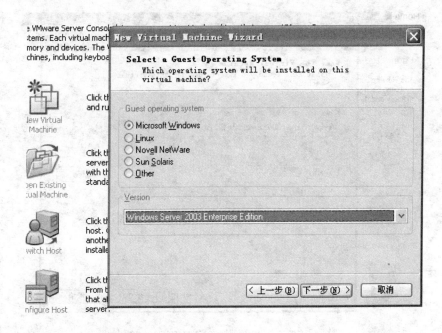

步骤 4：选择安装路径选择好路径来确定。

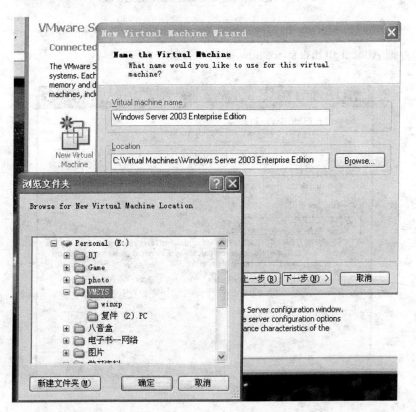

步骤 5：在 location 中输入 win2003。

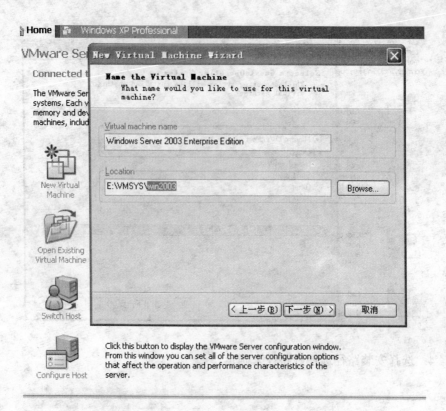

步骤 6：把 Allocal all disk space now 前的 √ 去掉。

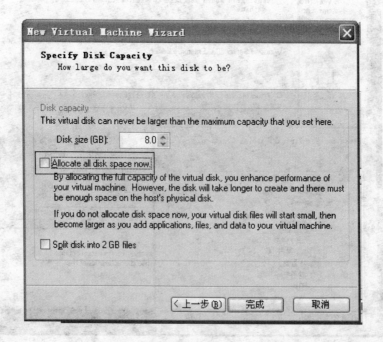

步骤 7：完成。

34

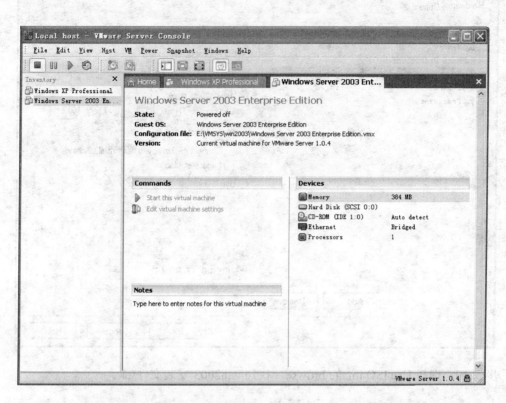

步骤8：设置在菜单项中选择 VM\setting。

步骤9：Setting 界面中选择 CD-ROM。

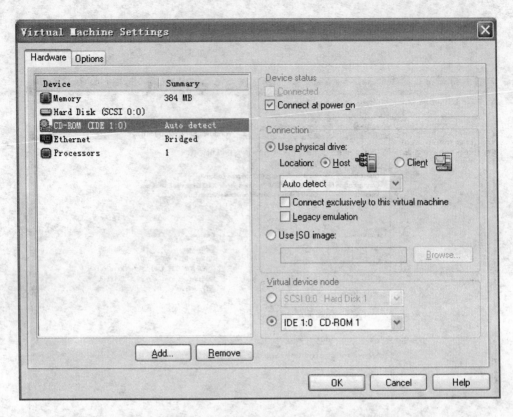

步骤 10：选择 Use ISO image\browse，找到 win2003 安装文件\ok。

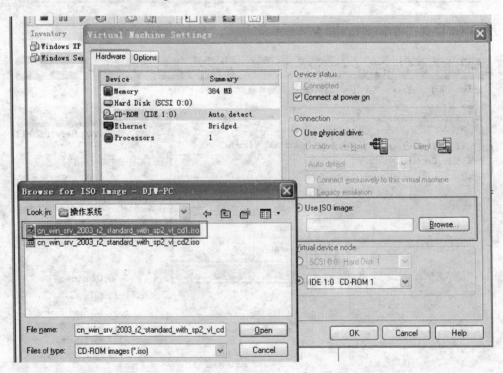

步骤 11：开始安装 ■ Ⅱ ▶ ⊙，从左到右依次为关机\暂停\开机\重启，单击开机 ▷ 进入下面的安装欢迎界面。

36

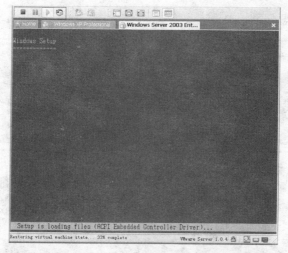

步骤 12：选择什么样的方式安装，看图片下面的一条，Enter 现在安装，R 修复，F3 退出，这里我们要现在安装，所以回车。

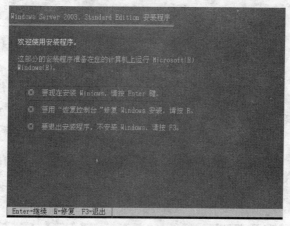

步骤 13：是否接受授权协议，如果不同意，按 Esc 键，那么安装将退出，不能再继续，所以我们选择同意 F8。

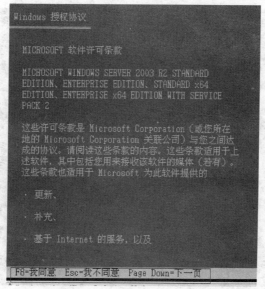

步骤 14：创建磁盘分区。

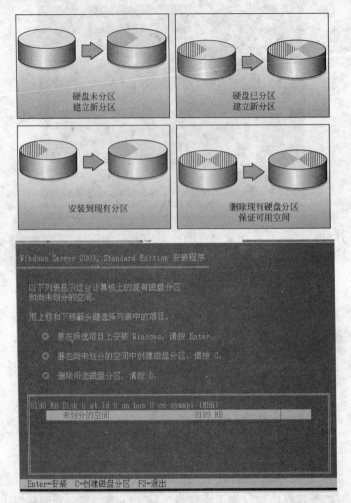

根据提示，按 C（创建磁盘分区）进入下图。

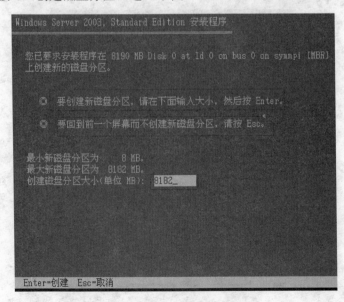

这里一般要把一个硬盘分成几个分区，由提示"要创建新磁盘分区，请在下面输入大小，然后按 Enter"，这里的磁盘只有 8G，把它分成两个盘，每个盘 4G，所以输入 4000，然后回车，回到如下界面。

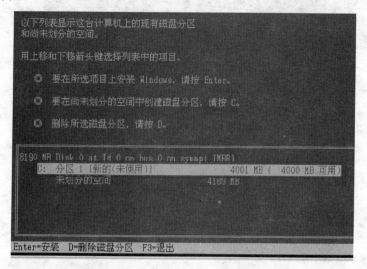

步骤 15：用同样的方法创建第二个分区。

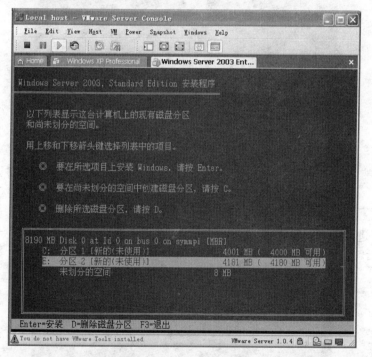

步骤 16：然后选中 C 盘进行安装。

步骤 17：格式化分区，一般用 NTFS 格式。

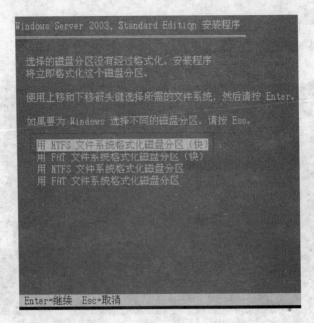

回车，正在格式化中……

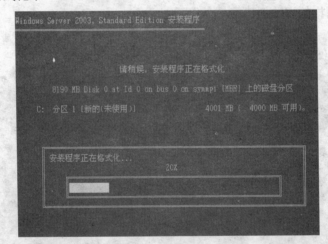

步骤18：进入图形安装界面。

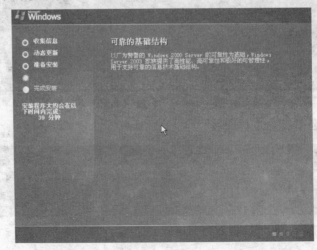

步骤 19：选择区域语言。

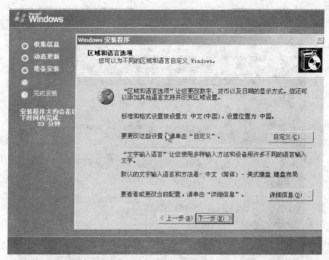

步骤 20：填写姓名、单位信息。

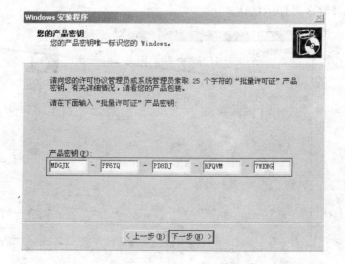

步骤 21：输入产品密钥。

步骤 22：填写计算机名和管理员密码，这里也可以用默认。

如果没有输入密码，会有个提示框，是就可以了。

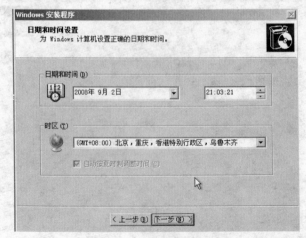

步骤 23：选择时区，使用默认。

步骤 24：网络设置，选择典型设置。

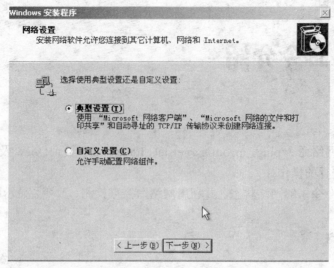

步骤 25：工作组或计算机域也选择默认。

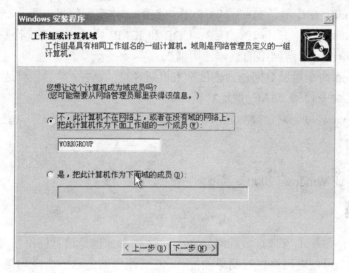

【实训总结】

通过实验，掌握 VMware 虚拟机的安装和使用方法，掌握在 VMware 中安装虚拟系统 Windows Server2003 的操作方法，通过操作学会设置和管理虚拟系统。

【思考题】

1. 如何创建一个虚拟机？
2. 如何安装 Windows 2003 Server 系统？

实训项目四

网络常用命令介绍

【实训目的】

① 掌握常用网络命令 ping、ipconfig、netstat、tracert、arp 与 net view 及其所代表的含义，以及所能对网络进行的操作；

② 通过网络命令了解网络状态，并利用网络命令来检测、改变、显示网络的状态，判断网络的故障原因。

【实训内容】

① 利用 ping 命令检测网络连通性；

② 利用 ipconfig 命令显示当前的 TCP/IP 协议的具体配置信息；

③ 利用 netstat 命令显示与 IP、TCP、UDP 和 ICMP 协议相关的统计数据，检验本机各端口的网络连接情况，了解网络的整体使用情况；

④ 利用 tracert 命令显示数据包到达目标主机所经过的路径，并显示到达每个结点的时间；

⑤ 利用 arp 命令检验 MAC 地址解析；

⑥ 利用 net view 命令来查找和显示工作组或计算机。

【实训环境】

Windows xp 或 Windows 2000、局域网。

【理论基础】

Windows 操作系统本身带有多种网络命令，这些命令也是进行网络实验时常用的命令，利用这些网络命令可以对网络进行简单的操作。需要注意的是这些命令均是在 DOS 命令行下执行。本次实验学习 6 个最常用的网络命令。

1. ping 命令

ping 是测试网络连接状况以及信息包发送和接收状况非常有用的工具，是网络测试最常用的命令。ping 向目标主机(地址)发送一个回送请求数据包，要求目标主机收到请求后给予答复，从而判断网络的响应时间和本机是否与目标主机(地址)连通。如果执行 ping 不成功，则可以预测故障出现在以下几个方面：网线故障，网络适配器配置不正确，IP 地址不正确。如果执行 ping 成功而网络仍无法使用，那么问题很可能出在网络系统的软件配置方面，ping 成功只能保证本机与目标主机间存在一条连通的物理路径。

ping [-t] [-a] [-n count] [-l length] [-f] [-i ttl] [-v tos] [-r count] [-s count] [[-j computer-list] | [-k computer-list]] [-w timeout] destination-list

参数：

-t ping 指定的计算机直到中断。

44

-a 将地址解析为计算机名。

-n count 发送 count 指定的 ECHO 数据包数。默认值为 4 。

-l length 发送包含由 length 指定的数据量的 ECHO 数据包。默认为 32 字节；最大值是 65527。

-f 在数据包中发送"不要分段"标志。数据包就不会被路由上的网关分段。

-i ttl 将"生存时间"字段设置为 ttl 指定的值。

-v tos 将"服务类型"字段设置为 tos 指定的值。

-r count 在"记录路由"字段中记录传出和返回数据包的路由。 count 可以指定最少 1 台，最多 9 台计算机。

-s count 指定 count 指定的跃点数的时间戳。

-j computer-list 利用 computer-list 指定的计算机列表路由数据包。连续计算机可以被中间网关分隔（路由稀疏源） IP 允许的最大数量为 9 。

-k computer-list 利用 computer-list 指定的计算机列表路由数据包。连续计算机不能被中间网关分隔（路由严格源） IP 允许的最大数量为 9 。

-w timeout 指定超时间隔，单位为毫秒。

destination-list 指定要 ping 的远程计算机。

查看 ping 的相关帮助信息 "ping/?"

2. ipconfig 命令

该命令用于显示所有当前的 TCP/IP 网络配置值、刷新动态主机配置协议(DHCP)和域名系统(DNS)设置。使用不带参数的 IPCONFIG 可以显示所有适配器的 IP 地址、子网掩码、默认网关。

ipconfig [/all] [/renew [adapter] [/release [adapter] [/flushdns] [/displaydns] [/registerdns] [/showclassid adapter] [/setclassid adapter [classID]

参数：

/all 显示所有适配器的完整 TCP/IP 配置信息。在没有该参数的情况下 IPCONFIG 只显示 IP 地址、子网掩码和各个适配器的默认网关值。适配器可以代表物理接口(例如安装的网络适配器)或逻辑接口(例如拨号连接)。

/renew [adapter] 更新所有适配器(如果未指定适配器)，或特定适配器(如果包含了 adapter 参数)的 DHCP 配置。该参数仅在具有配置为自动获取 IP 地址的网卡的计算机上可用。要指定适配器名称，请键入使用不带参数的 IPCONFIG 命令显示的适配器名称。

/release [adapter] 发送 DHCPRELEASE 消息到 DHCP 服务器，以释放所有适配器(如果未指定适配器)或特定适配器(如果包含了 adapter 参数)的当前 DHCP 配置并丢弃 IP 地址配置。该参数可以禁用配置为自动获取 IP 地址的适配器的 TCP/IP。要指定适配器名称，请键入使用不带参数的 IPCONFIG 命令显示的适配器名称。

/flushdns 清理并重设 DNS 客户解析器缓存的内容。如有必要，在 DNS 疑难解答期间，可以使用本过程从缓存中丢弃否定性缓存记录和任何其他动态添加的记录。

/displaydns 显示 DNS 客户解析器缓存的内容，包括从本地主机文件预装载的记录以及由计算机解析的名称查询而最近获得的任何资源记录。DNS 客户服务在查询配置的 DNS 服务器之前使用这些信息快速解析被频繁查询的名称。

/registerdns 初始化计算机上配置的 DNS 名称和 IP 地址的手工动态注册。可以使用该参数对失败的 DNS 名称注册进行疑难解答或解决客户和 DNS 服务器之间的动态更新问题，而不必重新启动客户计算机。TCP/IP 协议高级属性中的 DNS 设置可以确定 DNS 中注册了哪些名称。

/showclassid adapter 显示指定适配器的 DHCP 类别 ID。要查看所有适配器的 DHCP 类别 ID，可以使用星号(*)通配符代替 adapter。该参数仅在具有配置为自动获取 IP 地址的网卡的计算机上可用。

/setclassid adapter [classID] 配置特定适配器的 DHCP 类别 ID。要设置所有适配器的 DHCP 类别 ID，可以使用星号(*)通配符代替 adapter。该参数仅在具有配置为自动获取 IP 地址的网卡的计算机上可用。如果未指定 DHCP 类别的 ID，则会删除当前类别的 ID。

注意：IPCONFIG 等价于 WINIPCFG，后者在 Windows 98/Me 上可用。尽管 Windows XP 没有提供像 WINIPCFG 命令一样的图形化界面，但可以使用"网络连接"查看和更新 IP 地址。要做到这一点，请打开网络连接，右键点击某一网络连接，点击"状态"命令，然后点击"支持"选项卡。

该命令最适用于配置为自动获取 IP 地址的计算机。它使用户可以确定哪些 TCP/IP 配置值是由 DHCP、自动专用 IP 地址(APIPA)和其他配置配置的。

如果 adapter 名称包含空格，请在该适配器名称两边使用引号(即"adapter name")。

对于适配器名称，IPCONFIG 可以使用星号(*)通配符字符指定名称为指定字符串开头的适配器，或名称包含有指定字符串的适配器。例如，local* 可以匹配所有以字符串 local 开头的适配器，而*Con*可以匹配所有包含字符串 Con 的适配器。

只有当 TCP/IP 协议在网络连接中安装为网络适配器属性的组件时，该命令才可用。

3. netstat 命令

netstat 命令可以帮助网络管理员了解网络的整体使用情况。它可以显示当前正在活动的网络连接的详细信息，例如显示网络连接、路由表和网络接口信息，可以统计目前总共有哪些网络连接正在运行。利用命令参数，命令可以显示所有协议的使用状态，这些协议包括 TCP 协议、UDP 协议以及 IP 协议等，另外还可以选择特定的协议并查看其具体信息，还能显示所有主机的端口号以及当前主机的详细路由信息。

netstat [-a] [-e] [-n] [-s] [-p protocol] [-r] [interval]

参数：

-a——用来显示在本机上的外部连接，它也显示我们远程所连接的系统，本地和远程系统连接时使用和开放的端口，以及本地和远程系统连接的状态。这个参数通常用于获得本地系统开放的端口，用它可以自己检查系统上有没有被安装木马，如果在机器上运行 Netstat，如发现诸如："Port 12345(TCP) Netbus、Port31337(UDP) Back Orifice"之类的信息，则你的机器上就很有可能感染了木马。

-n——这个参数基本上是-a 参数的数字形式，它是用数字的形式显示以上信息，这个参数通常用于检查自己的 IP 时使用，也有些人使用它是因为更喜欢用数字的形式来显示主机名。

-e——显示关于以太网的统计数据，该参数可以与 -s 选项结合使用。它列出的项目包括传送的数据报的总字节数、错误数、删除数、数据报的数量和广播的数量。这些统计数据既有发送的数据包数量，也有接收的数据包数量。这个选项可以用来统计一些基本的网络流量。

-p protocol——用来显示特定的协议配置信息，它的格式为：Netstat -p ***，***可以是 UDP、IP、ICMP 或 TCP，如要显示机器上的 TCP 协议配置情况则我们可以用：Netstat -p tcp。

-s——显示机器的缺省情况下每个协议的配置统计，缺省情况下包括 TCP、IP、UDP、ICMP

等协议。

-r——用来显示关于路由表的信息。除了显示有效路由外，还显示当前有效的连接。

interval——每隔"interval"秒重复显示所选协议的配置情况，直到按"CTRL+C"中断。

4. tracert 命令

tracert 命令用来显示数据包到达目标主机所经过的路径，并显示到达每个节点的时间。如果数据包不能传递到目标，tracert 命令将显示成功转发数据包的最后一个路由器。tracert 的使用很简单，只需要在 tracert 命令后面跟一个 IP 地址或 URL，tracert 会自动进行相应的域名转换。命令功能同 ping 类似，但它所获得的信息要比 ping 命令详细得多，它把数据包所走的全部路径、节点的 IP 以及花费的时间都显示出来。该命令比较适用于大型网络。

命令格式：tracert 【-d】【-h maximum_hops】【-j host_list】【-w timeout】 target_name

参数：

-d 指定不将 IP 地址解析到主机名称。

-h maximum_hops 指定跃点数以跟踪名为 target_name 的路由。

-j host_list 指定 tracert 实用程序数据包所采用路径中的路由器接口列表。

-w timeout 等待 timeout 为每次回复所指定的毫秒数。

target_name 目标主机的名称或 IP 地址。

5. arp 命令

ARP 是一个重要的 TCP/IP 协议，并且用于确定对应 IP 地址的网卡物理地址。使用 arp 命令，可以显示和修改 IP 地址与物理地址之间的转换表。此外，使用 arp 命令也可以用人工方式输入静态的网卡物理/IP 地址对，你可能会使用这种方式为缺省网关和本地服务器等常用主机进行这项操作，有助于减少网络上的信息量。

按照缺省设置，ARP 高速缓存中的项目是动态的，每当发送一个指定地点的数据报且高速缓存中不存在当前项目时，ARP 便会自动添加该项目。一旦高速缓存的项目被输入，它们就已经开始走向失效状态。例如，在 Windows NT/2000 网络中，如果输入项目后不进一步使用，MAC/IP 地址对就会在 2~10 分钟内失效。因此，如果 ARP 高速缓存中项目很少或根本没有时，通过另一台计算机或路由器的 ping 命令即可添加。所以，需要通过 arp 命令查看高速缓存中的内容时，最好先 ping 此台计算机（不能是本机发送 ping 命令）。

命令格式：

arp[-a [InetAddr] [-N IfaceAddr]] [-g [InetAddr] [-N IfaceAddr]] [-d InetAddr [IfaceAddr]] [-s InetAddr EtherAddr [IfaceAddr]]

参数：

-a[InetAddr] [-N IfaceAddr] 显示所有接口的当前 ARP 缓存表。要显示特定 IP 地址的 ARP 缓存项，使用带有 InetAddr 参数的 arp -a，此处的 InetAddr 代表 IP 地址。如果未指定 InetAddr，则使用第一个适用的接口。要显示特定接口的 ARP 缓存表，将 -N IfaceAddr 参数与 -a 参数一起使用，此处的 IfaceAddr 代表指派给该接口的 IP 地址。-N 参数区分大小写。

-g[InetAddr] [-N IfaceAddr] 与 -a 相同。

-d InetAddr [IfaceAddr] 删除指定的 IP 地址项，此处的 InetAddr 代表 IP 地址。对于指定的接口，要删除表中的某项，使用 IfaceAddr 参数，此处的 IfaceAddr 代表指派给该接口的 IP 地址。要删除所有项，使用星号 (*) 通配符代替 InetAddr。

-s InetAddr EtherAddr [IfaceAddr] 向 ARP 缓存添加可将 IP 地址 InetAddr 解析成物理地址 EtherAddr 的静态项。要向指定接口的表添加静态 ARP 缓存项，使用 IfaceAddr 参数，此处的 IfaceAddr 代表指派给该接口的 IP 地址。

6. net view 命令

显示域列表、计算机列表或指定计算机的共享资源列表。这个命令提供了图形界面，可监控区域网络内的连线状况。可以运用这些信息从事一般性的维护动作，可以检测出网络内计算机是否有外人入侵，并且可直接侦测出对方的 IP 位置及入侵方式，也可以测出计算机的网络使用频宽，进而得知我们的计算机、电子邮件、上网为何会变慢等。

命令格式：

Net view [\\computername | /domain[:domainname]]

net view /network:nw [\\ComputerName]

参数：

① 键入不带参数的 Net view 显示当前域的计算机列表。

② \\computername 指定要查看其共享资源的计算机。

③ /domain[:domainname] 指定要查看其可用计算机的域。

④ /network:nw 显示 NetWare 网络上所有可用的服务器。如果指定计算机名，/network:nw 将通过 NetWare 网络显示该计算机上的可用资源，也可以指定添加到系统中的其他网络。

⑤ net help command 显示指定 net 命令的帮助。

注释：使用 net view 命令显示计算机列表。输出内容与以下相似：

服务器名称	注释
\\Production	Production file server
\\Print1	Printer room，first floor
\\Print2	Printer room，second floor

范例

要查看由 \\Production 计算机共享的资源列表，键入：

net view \\production

要查看 NetWare 服务器 \\Marketing 上的可用资源，键入：

net view /network:nw \\marketing

要查看销售域或工作组中的计算机列表，键入：

net view /domain:sales

要查看 NetWare 网络中的所有服务器，键入：

net view /network:nw

【实训步骤】

正常情况下，当使用 ping 命令来查找问题所在或检验网络运行情况时，需要使用许多

48

ping 命令，如果所有都运行正确，就可以相信基本的连通性和配置参数没有问题；如果某些 ping 命令出现运行故障，它也可以指明到何处去查找问题。下面给出一个典型的检测次序及对应的可能故障。

1. 安装

先安装好网卡和 TCP/IP 协议，并配置好。

2. ping 命令的使用

（1）ping 127.0.0.1

通过"开始"→"运行"菜单命令，打开"运行"窗口，在其中输入"CMD"，如图 4-1 所示，单击"确定"按钮，进入"命令提示符"窗口，如图 4-2 所示。

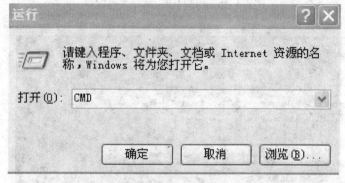

图 4-1 "运行"窗口

图 4-2 "命令提示符"窗口

在图 4-2 命令提示符窗口中输入命令"ping 127.0.0.1"，按回车键，这个命令被送到本地计算机的 IP 软件，该命令永不退出该计算机。命令执行结果如图 4-3 所示，说明本地配置正确。如出现"Request timed out"信息，表示 TCP/IP 的安装或运行存在某些最基本的问题。

（2）ping 本机 IP

在图 4-2"命令提示符"窗口中输入命令"ping 192.168.1.102"（假设 192.168.1.102 为本机的 IP 地址），按回车键，这个命令被送到计算机所配置的 IP 地址，计算机始终都应该对该 ping 命令作出应答。命令执行结果如图 4-4 所示，说明本地配置正确。如出现"Request timed out"信息，说明本地配置或网卡安装存在问题。出现此问题时，局域网用户可断开网络电缆，

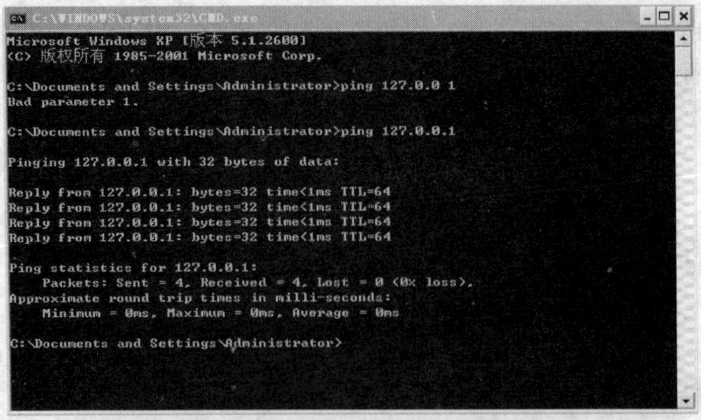

图 4-3　ping 127.0.0.1 命令信息窗口

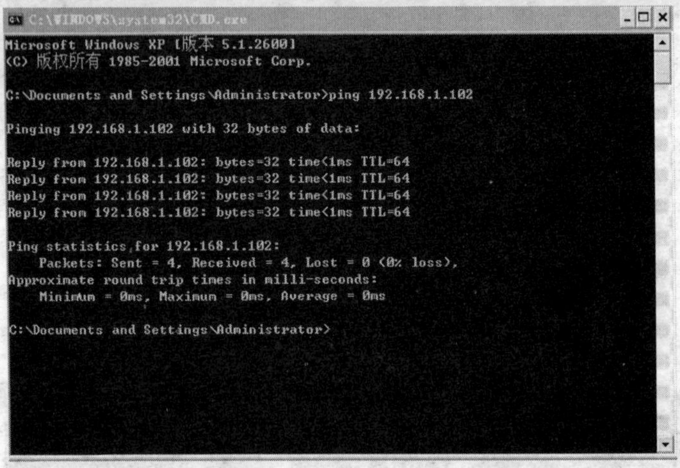

图 4-4　ping 本机 IP 命令信息窗口

然后重新发送该命令。如果网络电缆断开后本命令正确，则表示另一台计算机可能配置了相同的 IP 地址。

（3）ping 局域网内其他 IP

在图 4-2 "命令提示符" 窗口中输入命令 "ping 192.168.1.103"（假设 192.168.1.103 为其他计算机的 IP 地址），按回车键，这个命令应该离开本计算机，经过网卡及网络电缆到达其他计算机，再返回，收到回送应答表明本地网络中的网卡和载体运行正确，命令执行结果应出现 "Reply from 192.168.1.103" bytes=32 time<1ms TTL=128" 等类似信息，说明网络已经连通，并显示192.168.1.103 对应的主机名称。但如果收到 0 个回送应答，那么表示子网掩码（进行子网分割时，将 IP 地址的网络部分与主机部分分开的代码）不正确或网卡配置错误或电缆系统有问题。

（4）ping 网关 IP

在图 4-2 "命令提示符" 窗口中输入命令 "ping 网关 IP"，按回车键，这个命令应该离开本计算机，经过网卡及网络电缆到达网关，再返回。这个命令如果应答正确，表示局域网中的网关路由器正在运行并能够做出应答。

（5）ping 远程 IP

如果收到 4 个应答，表示成功地使用了缺省网关。对于拨号上网用户，则表示能够成功的访问 Internet（但不排除 ISP 的 DNS 会有问题）。

50

（6）ping localhost

在图 4-2"命令提示符"窗口中输入命令"ping localhost",按回车键,命令执行结果如图 4-5 所示。localhost 是系统的网络保留名,它是 127.0.0.1 的别名,每台计算机都应该能够将该名字转换成该地址。如果没有做到这一点,则表示主机文件(/Windows/host)中存在问题。

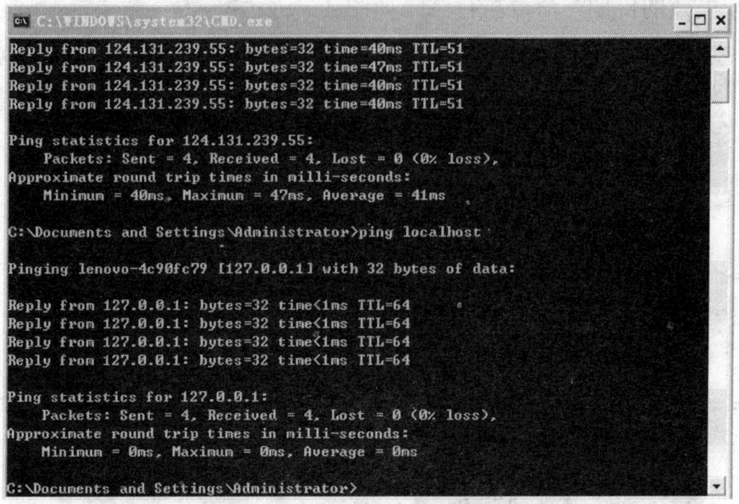

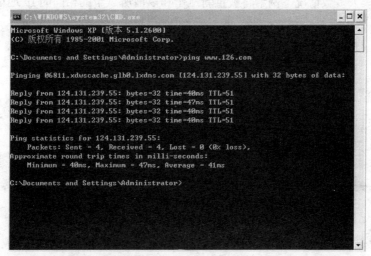

图 4-5　ping localhost 命令信息窗口

（7）ping www.126.com

可以利用该命令实现域名对 IP 地址的转换功能。在图 4-2"命令提示符"窗口中输入命令"ping www.126.com",按回车键,命令执行结果如图 4-6 所示,说明通过 DNS 服务器获得了网易网站的 IP 地址为 124.131.239.55。如出现"Request timed out"信息,表示 DNS 服务器的 IP 地址配置不正确或 DNS 服务器有故障(对于拨号上网用户,某些 ISP 已经不需要设置 DNS 服务器了)。

图 4-6　ping www.126.com 命令信息窗口

如果上面所列出的所有 ping 命令都能正常运行,那么对自己的计算机进行本地和远程通信的功能基本上就可以放心了。但是,这些命令的成功并不表示所有的网络配置都没有问题,例如,某些子网掩码错误就可能无法用这些方法检测到。

3. ipconfig 命令的使用

在图 4-2 "命令提示符" 窗口中输入命令 "ipconfig/all", 按回车键, ipconfg 能为 DNS 和 WINS 服务器显示它已配置且所要使用的附加信息, 并且显示内置于本地网卡中的物理地址 (MAC)。如果 IP 地址是从 DHCP 服务器租用的, ipconfig 将显示 DHCP 服务器的 IP 地址和租用地址预计失效的日期, 命令执行结果如图 4-7 所示。

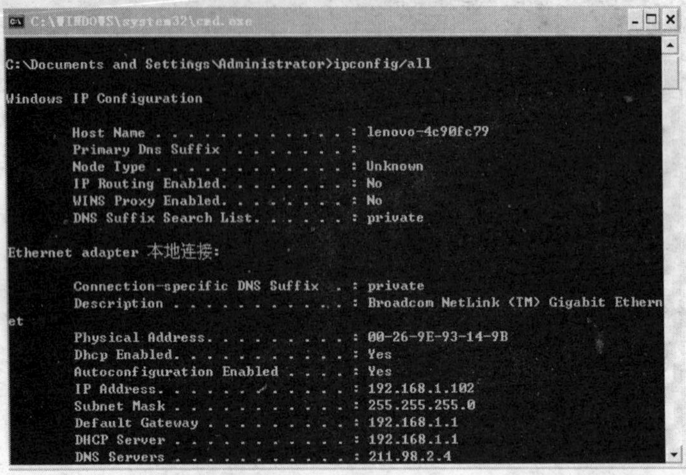

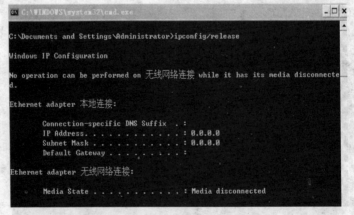

图 4-7　ipconfig/all 命令信息窗口

在图 4-2 "命令提示符" 窗口中输入命令 "ipconfig/release", 按回车键, 命令执行结果如图 4-8 所示。输入命令 "ipconfig/renew", 按回车键, 命令执行结果如图 4-9 所示。这是两个附加选项, 只能在向 DHCP 服务器租用其 IP 地址的计算机上起作用。如果输入 "ipconfig/release", 那么所有接口租用的 IP 地址便重新交付给 DHCP 服务器 (归还 IP 地址); 如果输入 "ipconfig/renew", 那么本地计算机便设法与 DHCP 服务器取得联系, 并租用一个 IP 地址 (注意: 大多数情况下网卡将被重新赋予和以前所赋予的相同的 IP 地址)。

图 4-8　ipconfig/release 命令信息窗口

4. netstat 命令的使用

在图 4-2 "命令提示符" 窗口中输入命令 "netstat -a", 按回车键, 命令执行结果如图 4-10 所示。

在图 4-2 "命令提示符" 窗口中输入命令 "netstat -e -s", 按回车键, 命令执行结果如图 4-11 所示。

52

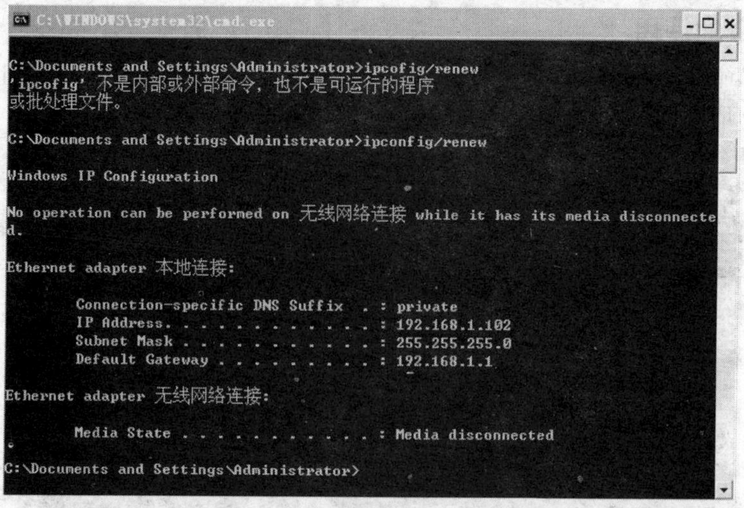

图 4-9　ipconfig/renew 命令信息窗口

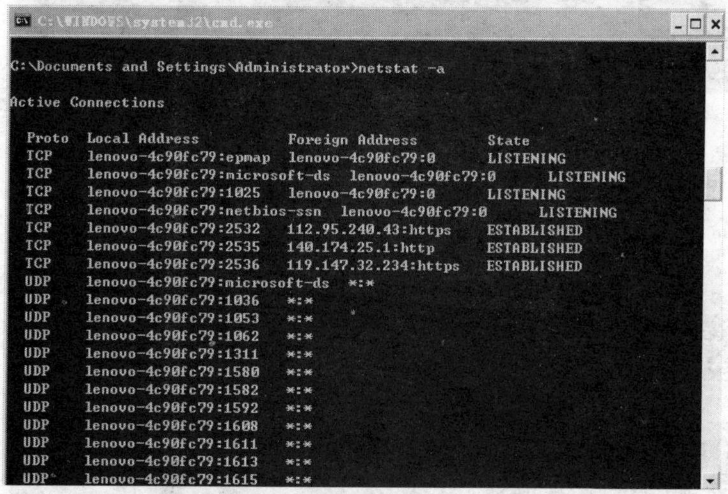

图 4-10　netstat -a 命令信息窗口

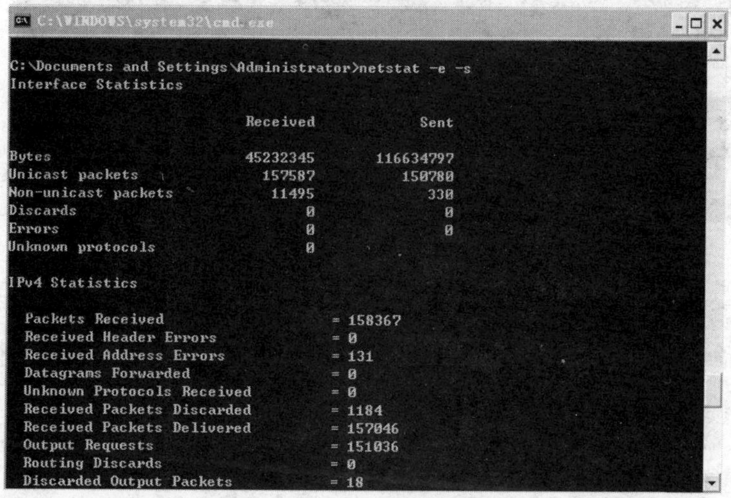

图 4-11　netstat -e -s 命令信息窗口

53

5. tracert 命令的使用

在图 4-2 "命令提示符" 窗口中输入命令 "tracert www.126.com"，按回车键，命令执行结果如图 4-12 所示。

图 4-12　tracert www.126.com 命令信息窗口

6. arp 命令的使用

在图 4-2 "命令提示符" 窗口中输入命令 "arp -a"，按回车键，命令执行结果如图 4-13 所示。

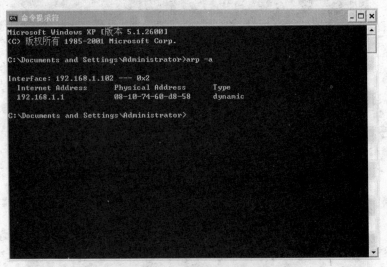

图 4-13　arp -a 命令信息窗口

7. net view 命令的使用

在图 4-2 "命令提示符" 窗口中输入命令 "net view"，按回车键，命令运行将显示当前域的计算机列表。

在图 4-2 "命令提示符" 窗口中输入命令 "net view\\XinYu"，按回车键，命令指定要查看 XinYu 的共享资源列表。

在图 4-2 "命令提示符" 窗口中输入命令 "net view/domain:XMJZ"，按回车键，命令指定要查看 XMJZ 域中的机器列表。

【实训总结】

通过实验掌握常用网络命令 ping、ipconfig、netstat、tracert、arp 与 net view 的格式及各参数的含义，通过实验掌握各网络命令的使用方法。

【思考题】

1. 利用 ipconfig 命令显示当前的 TCP/IP 协议的具体配置信息，之后利用 ping 命令检测网络连通性。
2. 利用 netstat 命令检验本机各端口的网络连接情况，并利用 tracert 命令显示数据包到达目标主机所经过的路径和到达每个结点的时间。

实训项目五

基本组网实验

【实训目的】

通过本次实验，使学生学会如何利用交换机组建局域网，包括 C/S 网络和对等网。

【实训内容】

利用交换机组建局域网。

【实训环境】

2 台交换机、8 台 PC 机、双绞线。

【理论基础】

1. 交换机的工作原理

交换机工作在 OSI 参考模型的第二层，即数据链路层。其作用是将一些机器连接起来组建局域网。交换机具有 VLAN 功能，通过适当的配置，可以实现通信子网的划分。此外，一些三层交换机还具备了网络层的路由功能，可用于不同子网的互连。

两层交换机是组建局域网的重要设备，它通过维护一张 MAC 地址到端口的映射表来确定数据包的转发。当交换机从某个端口收到一个数据包时，它先读取包头中的源 MAC 地址，从而获知源 MAC 地址的机器是连在哪个端口上。接着读取包头中的目的 MAC 地址，并在地址表中查找相应的端口，若表中存在与此目的 MAC 地址对应的端口，则把数据包直接复制到相应端口上，若表中找不到相应的端口则把数据包广播到所有端口上，当目的机器对源机器回应时，交换机便可以学习到这一目的 MAC 地址与哪个端口对应，在下次传送数据时就不再需要对所有端口进行广播了。

两层交换机不断地循环这个过程，可以学习到整个网络的 MAC 地址信息，从而建立和维护自己的地址表。

同时可以用专门的网管软件进行集中管理。除此之外，交换机为了提高数据交换的速度和效率，一般支持多种方式。

① 存储转发 所有常规网桥都使用这种方法。它们在将数据帧发往其他端口之前，要把收到的帧完全存储在内部的存储器中，对其检验后再发往其他端口，这样其延时等于接收一个完整的数据帧的时间及处理时间的总和。如果级联很长时，会导致严重的性能问题，但这种方法可以过滤掉错误的数据帧。

② 切入法 这种方法只检验数据帧的目标地址，这使得数据帧几乎马上就可以传出去，从而大大降低延时。

其缺点是：错误帧也会被传出去。错误帧的概率较小的情况下，可以采用切入法以提高传输速度。而错误帧的概率较大的情况下，可以采用存储转发法，以减少错误帧的重传。

2. 交换机的端口识别（类型）

以 Cisco 交换机为例：

以太网端口有三种链路类型：Access、Trunk、Hybird。

Access 类型的端口只能属于 1 个 VLAN，一般用于连接计算机的端口；

Trunk 类型的端口可以允许多个 VLAN 通过，可以接收和发送多个 VLAN 的报文，一般用于交换机之间连接的端口；

Hybrid 类型的端口可以允许多个 VLAN 通过，可以接收和发送多个 VLAN 的报文，可以用于交换机之间连接，也可以用于连接用户的计算机。

Hybrid 端口和 Trunk 端口在接收数据时，处理方法是一样的，唯一不同之处在于发送数据时：Hybrid 端口可以允许多个 VLAN 的报文发送时不打标签，而 Trunk 端口只允许缺省 VLAN 的报文发送时不打标签。

认证方式为 Scheme 时 Telnet 登录方式的配置

```
#
telnet server enable
#
local-user guest
service-type telnet
level 3
password simple 123456
#
```

Vlan 的创建及描述

```
#
system-view      #进入配置选项命令行
[SwitchA] vlan 100       #创建当前 VLAN
[SwitchA-vlan100] description Dept1      #当前 VLAN 的描述
[SwitchA-vlan100] port GigabitEthernet 1/0/1      #将当前端口加入到当前的 VLAN 下面
?
```

将端口配置为 Trunk 端口，并允许 VLAN10 和 VLAN20 通过

```
[SwitchA]interface GigabitEthernet 1/1      #进入当前端口
[SwitchA-GigabitEthernet1/1]port link-type trunk       #将当前端口设为中继
[SwitchA-GigabitEthernet1/1]port trunk permit vlan all      #允许所有 VLAN 通过
[SwitchA-vlan100] quit      #退出
```

缺省 VLAN：

Access 端口只属于 1 个 VLAN，所以它的缺省 VLAN 就是它所在的 VLAN，不用设置；Hybrid 端口和 Trunk 端口属于多个 VLAN，所以需要设置缺省 VLAN ID.缺省情况下，Hybrid 端口和 Trunk 端口的缺省 VLAN 为 VLAN 1；

如果设置了端口的缺省 VLAN ID，当端口接收到不带 VLAN Tag 的报文后，则将报文转发到属于缺省 VLAN 的端口；当端口发送带有 VLAN Tag 的报文时，如果该报文的 VLAN ID

与端口缺省的 VLAN ID 相同，则系统将去掉报文的 VLAN Tag，然后再发送该报文。

注：对于华为交换机缺省 VLAN 被称为"Pvid Vlan"，对于思科交换机缺省 VLAN 被称为"Native Vlan"。

交换机接口出入数据处理过程如下。

Acess 端口收报文：

收到一个报文，判断是否有 VLAN 信息：如果没有则打上端口的 PVID，并进行交换转发，如果有则直接丢弃（缺省）。

Acess 端口发报文：

将报文的 VLAN 信息剥离，直接发送出去。

trunk 端口收报文：

收到一个报文，判断是否有 VLAN 信息，如果没有则打上端口的 PVID，并进行交换转发，如果有判断该 trunk 端口是否允许该 VLAN 的数据进入，如果可以则转发，否则丢弃。

trunk 端口发报文：

比较端口的 PVID 和将要发送报文的 VLAN 信息，如果两者相等则剥离 VLAN 信息，再发送，如果不相等则直接发送。

hybrid 端口收报文：

收到一个报文，判断是否有 VLAN 信息，如果没有则打上端口的 PVID，并进行交换转发，如果有则判断该 hybrid 端口是否允许该 VLAN 的数据进入，如果可以则转发，否则丢弃（此时端口上的 untag 配置是不用考虑的，untag 配置只对发送报文时起作用）。

hybrid 端口发报文：

① 判断该 VLAN 在本端口的属性（disp interface 即可看到该端口对哪些 VLAN 是 untag，哪些 VLAN 是 tag）。

② 如果是 untag 则剥离 VLAN 信息，再发送，如果是 tag 则直接发送。

可以用此理论解释如图 5-1 所示两台 PC（属于两个 VLAN，同一个网段）间可以通信的问题。

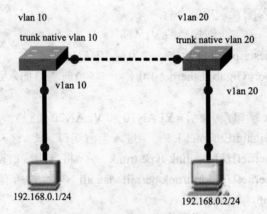

图 5-1 两台 PC 间的通信

【实训步骤】

1. 组建 C/S 网络

实训拓扑图如图 5-2 所示。

58

图 5-2　交换机连接服务器和客户端

步骤如下。

① 用双绞线把主机和交换机的某个端口相连。观察网卡和交换机相应端口指示灯的状态。

② 设置网卡的 TCP/IP 配置参数（见图 5-3）

A 组 IP：192.168.11.1～192.168.11.8

B 组 IP：192.168.12.1～192.168.12.8

……

J 组 IP：192.168.20.1～192.168.20.8

子网掩码：255.255.255.0

③ 在命令提示符下使用 ipconfig/all 命令查看网卡的 TCP/IP 配置信息，如图 5-4。

④ 命令提示符下 ping 组内成员的 IP，保证能够 ping 通，如图 5-5。

⑤ 安装客户端软件：cuteftp832pro，如图 5-6。

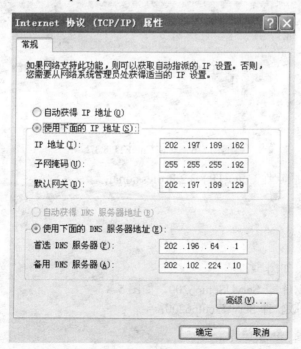

图 5-3　设置网卡参数

59

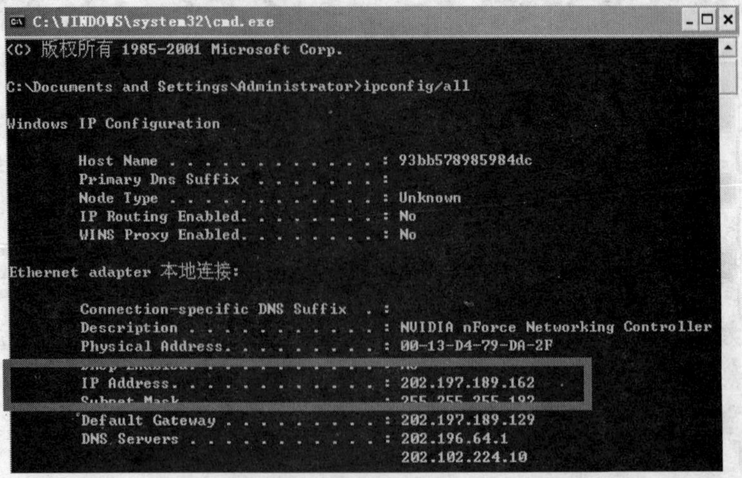
C:\WINDOWS\system32\cmd.exe
(C) 版权所有 1985-2001 Microsoft Corp.
C:\Documents and Settings\Administrator>ipconfig/all
Windows IP Configuration
Host Name . . . . : 93bb578985984dc
Primary Dns Suffix . . . . :
Node Type . . . . : Unknown
IP Routing Enabled. . . . . : No
WINS Proxy Enabled. . . . . : No
Ethernet adapter 本地连接:
Connection-specific DNS Suffix . :
Description . . . . : NVIDIA nForce Networking Controller
Physical Address. . . . . : 00-13-D4-79-DA-2F
IP Address. . . . . : 202.197.189.162
Default Gateway . . . . : 202.197.189.129
DNS Servers . . . . : 202.196.64.1
202.102.224.10

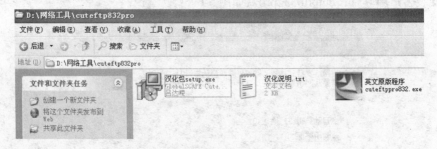

图 5-4　查看网卡配置信息

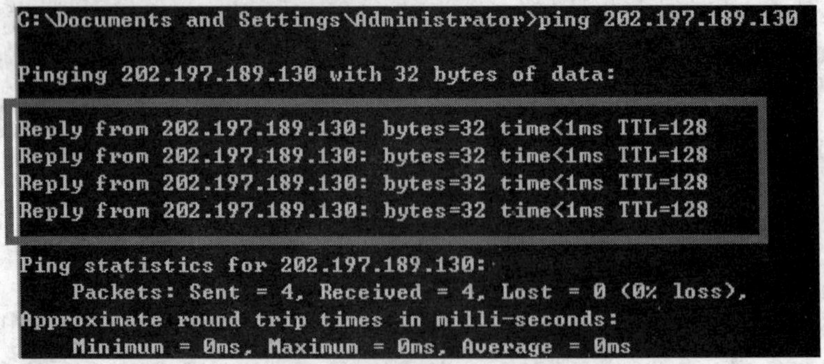
C:\Documents and Settings\Administrator>ping 202.197.189.130
Pinging 202.197.189.130 with 32 bytes of data:
Reply from 202.197.189.130: bytes=32 time<1ms TTL=128
Reply from 202.197.189.130: bytes=32 time<1ms TTL=128
Reply from 202.197.189.130: bytes=32 time<1ms TTL=128
Reply from 202.197.189.130: bytes=32 time<1ms TTL=128
Ping statistics for 202.197.189.130:
Packets: Sent = 4, Received = 4, Lost = 0 (0% loss),
Approximate round trip times in milli-seconds:
Minimum = 0ms, Maximum = 0ms, Average = 0ms

图 5-5　Ping 组内成员

D:\网络工具\cuteftp832pro
文件(F) 编辑(E) 查看(V) 收藏(A) 工具(T) 帮助(H)
后退 搜索 文件夹
地址(D) D:\网络工具\cuteftp832pro
文件和文件夹任务
创建一个新文件夹
将这个文件夹发布到 Web
共享此文件夹
汉化包setup.exe
汉化说明.txt
文本文档
2 KB
英文原版程序
cuteftppro832.exe

图 5-6　安装 CuteFTP 8.3.2

- 先安装英文原版软件 CuteFTP 8.3.2 Professional；
- 安装汉化包；
- 破解；
- 修改字体。

⑥ 使用 cuteftp，如图 5-7。

⑦ 安装服务器软件： ServUSetup6200，如图 5-8。

- 先安装英文原版软件 ServUSetup6200；
- 安装汉化包；
- 破解。

图 5-7　运行 CuteFTP 8.3.2

图 5-8　安装 ServUSetup6200

⑧ 使用：ServUSetup6200，如图 5-9。

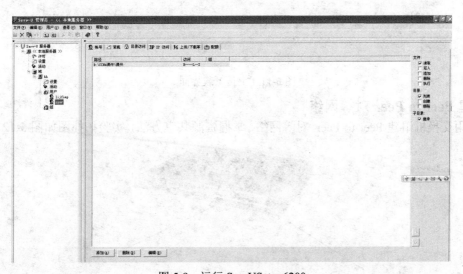

图 5-9　运行 ServUSetup6200

⑨ 进行上传下载，如图 5-10 和图 5-11。

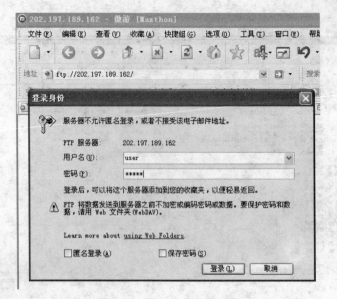

图 5-10　输入用户名及密码

图 5-11　上传下载界面

2. 组建 Peer to Peer 对等网络

利用交换机组建 Peer-to-Peer 对等网络,掌握资源共享方法,实验拓扑图如图 5-12 所示。

图 5-12　交换机连接两台 host

① 设置"验证网卡"的 TCP/IP 配置参数，如图 5-13。

A 组 IP：192.168.11.1~192.168.11.8

B 组 IP：192.168.12.1~192.168.12.8

……

J 组 IP：192.168.20.1~192.168.20.8

子网掩码：255.255.255.0

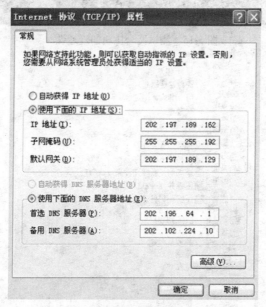

图 5-13　设置网卡参数

② 在命令提示符下使用 ipconfig/all 命令查看网卡的 TCP/IP 配置信息，如图 5-14。

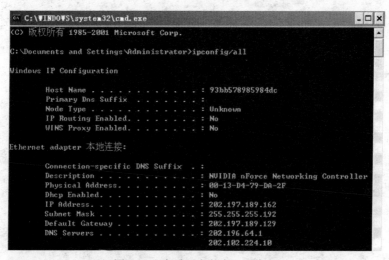

图 5-14　查看网卡基本配置信息

③ 命令提示符下 ping 组内成员的 IP，保证能够 ping 通，如图 5-15。

④ 打开共享选项卡，选中"共享"，如图 5-16 和图 5-17 所示。

⑤ 在"运行"里输入对方的 IP 地址。访问对方共享出来的资源，如图 5-18 和图 5-19。

63

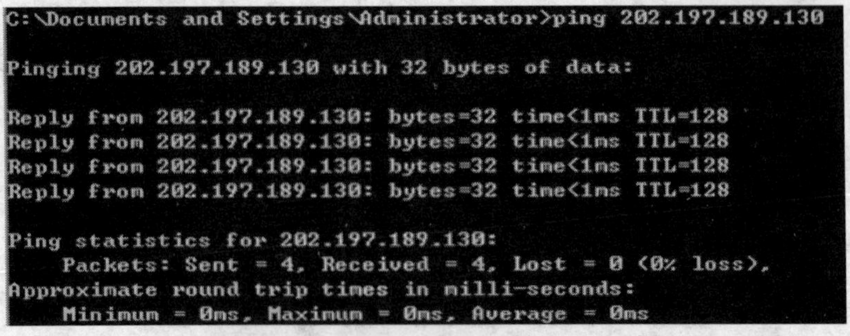
C:\Documents and Settings\Administrator>ping 202.197.189.130
Pinging 202.197.189.130 with 32 bytes of data:
Reply from 202.197.189.130: bytes=32 time<1ms TTL=128
Reply from 202.197.189.130: bytes=32 time<1ms TTL=128
Reply from 202.197.189.130: bytes=32 time<1ms TTL=128
Reply from 202.197.189.130: bytes=32 time<1ms TTL=128
Ping statistics for 202.197.189.130:
Packets: Sent = 4, Received = 4, Lost = 0 (0% loss),
Approximate round trip times in milli-seconds:
Minimum = 0ms, Maximum = 0ms, Average = 0ms

图 5-15　测试两台主机的连通性

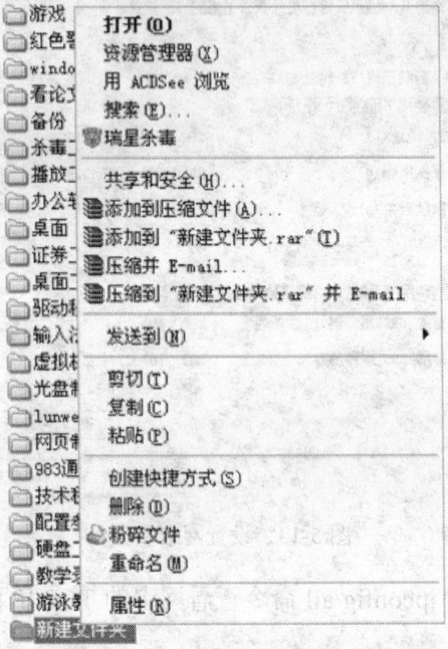
打开(O)
资源管理器(X)
用 ACDSee 浏览
搜索(E)...
瑞星杀毒
共享和安全(H)...
添加到压缩文件(A)...
添加到"新建文件夹.rar"(T)
压缩并 E-mail...
压缩到"新建文件夹.rar"并 E-mail
发送到(N)
剪切(T)
复制(C)
粘贴(P)
创建快捷方式(S)
删除(D)
粉碎文件
重命名(M)
属性(R)
新建文件夹

图 5-16　右键点击需设置共享的文件夹

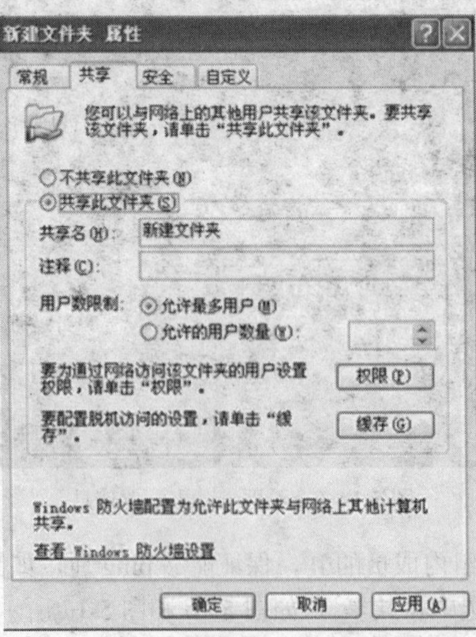
新建文件夹 属性
常规
共享
安全
自定义
您可以与网络上的其他用户共享该文件夹。要共享该文件夹，请单击"共享此文件夹"。
不共享此文件夹(N)
共享此文件夹(S)
共享名(H):
新建文件夹
注释(C):
用户数限制:
允许最多用户(M)
允许的用户数量(W):
要为通过网络访问该文件夹的用户设置权限，请单击"权限"。
权限(P)
要配置脱机访问的设置，请单击"缓存"。
缓存(G)
Windows 防火墙配置为允许此文件夹与网络上其他计算机共享。
查看 Windows 防火墙设置
确定
取消
应用(A)

图 5-17　设置文件夹共享属性

图 5-18　打开设置共享文件夹主机

图 5-19　输入用户名及密码

【实训总结】

通过实验掌握利用交换机组建局域网的方法；理解交换机的端口类型和配置模式；理解管理交换机的配置文件；通过 Console 连接的交换机，能够对交换机进行基本的配置、路由器的模块及端口编号，并通过实验进行验证。

 【思考题】

1. 如何利用交换机组建局域网？
2. 如何利用 TFTP 实现文件的上传和下载？

实训项目六

数据链路层协议分析

【实训目的】

① 掌握以太网数据帧结构；
② 掌握数据链路层的作用及其重要性。

【实训内容】

① 列举常见数据链路层协议及其应用环境；
② 使用 ethereal 捕获局域网以太网数据帧并分析其组成结构；
③ 使用模拟软件分析广域网数据帧的组成结构。

【实训环境】

1. 实训设备

两台 PC 机，两台路由器，一条 v.35 线缆，一条 console 控制线，两条交叉线。

2. 实训环境（见图 6-1）

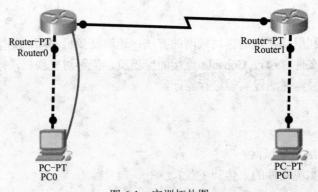

图 6-1　实训拓扑图

说明：PC0 通过网线连接 Router0 的 f0/0 接口，通过 console 线连接 Router0 的 console 口；PC1 通过网线连接 Router1 的 f0/0 接口，Router0 和 Router1 的 s2/0 接口通过串口线连接，链路协议为 ppp。

地址配置如下。

路由器 Router0 的 ip 地址：s2/0:10.10.10.1/24，f0/0:192.168.1.254/24；

路由器 Router1 的 ip 地址：s2/0:10.10.10.2/24，f0/0:192.168.2.254/24；

主机 PC0 的 ip 地址：192.168.1.1/24，网关：192.168.1.254；

主机 PC1 的 ip 地址：192.168.2.1/24，网关：192.168.2.254。

66

【理论基础】

1. 数据链路层的定义及功能

数据链路层是 OSI 参考模型中的第二层，介于物理层和网络层之间。数据链路层在物理层提供的服务的基础上向网络层提供服务，其最基本的服务是将源机网络层来的数据可靠地传输到相邻节点的目标机网络层。而不同的物理网络由不同的介质组成，如铜线、光纤、无线等，网络类型或介质的不同，则要求在其链路上对数据封装的格式也不同。对如何将网络层数据包放到不同的介质上并进行传输，是数据链路层要解决的问题。

为能使网络层数据包在不同介质上正常传输，数据链路必须具备一系列相应的功能，主要有：如何将数据组合成数据块，在数据链路层中称这种数据块为帧（frame），帧是数据链路层的传送单位；如何控制帧在物理信道上的传输，包括如何处理传输差错，如何调节发送速率以使与接收方相匹配；以及在两个网络实体之间提供数据链路通路的建立、维护和释放的管理。

2. 数据链路层的协议

由于存在着很多数量的物理介质，因此数据链路层有不同的协议定义数据帧的结构。一些类型的帧和数据链路层服务支持 LAN 的通信，其他一些支持 WAN 通信。

LAN 的协议有 IEEE802.3 以太网和 IEEE802.11 无线协议。以太网是使用最广泛的 LAN 技术且支持 10Mbit/s、100Mbit/s、1000Mbit/s 和 10000Mbit/s 的数据带宽。IEEE802.11 使用与其他 802LAN 相同的 802.2LLC 和 48 位编址方案。但是，MAC 子层和物理层中存在许多差异。在无线环境中，需要考虑一些特殊的因素。由于没有确定的物理连通性，因此，外部因素可能干扰数据传输且难以进行访问控制。为了解决这些难题，无线标准制定了额外的控制功能。

WAN 的协议有 PPP（点对点协议）、HDLC（高级数据链路控制）、FR（帧中继）和 ATM（异步传输模式）。

PPP 是用于在两个节点之间传送帧的协议。PPP 标准由 RFC 定义，这和许多数据链路层协议不同，它们是由电气工程组织定义的。PPP 可用于各种物理介质（包括双绞线、光缆和卫星传输）以及虚拟连接。

PPP 使用分层体系结构。为满足各种介质类型的需求，PPP 在两个节点间建立称为会话的逻辑连接。PPP 会话向上层 PPP 协议隐藏底层物理介质。这些会话还为 PPP 提供了用于封装点对点链路上的多个协议的方法。链路上封装的各协议均建立了自己的 PPP 会话。

PPP 还允许两个节点协商 PPP 会话中的选项，包括身份验证、压缩和多重链接（使用多个物理连接）。

3. 数据链路层的物理实体

在许多情况下，数据链路层均是物理实体，如以太网网络接口卡（NIC），它会插入计算机的系统总线中并将计算机上运行的软件进程和物理介质连接。但是，网卡并不仅是一个物理实体。与网卡相关的软件可使网卡执行中间功能，即准备好传输数据并将数据编码为可在相关介质上发送的信号。

4. 数据链路层协议数据单元——帧结构

（1）以太网帧结构（见图 6-2）

如图 6-2 所示，以太网帧具有多个字段，含义如下：

前导码——用于定时同步，也包含标记定时信息结束的定界符；

目的地址——48 位目的节点 MAC 地址；

字段名称	前导码	目的	源	类型	数据	帧校验序列
大小	8个字节	6个字节	6个字节	2个字节	46~1500个字节	4个字节

图 6-2　以太网协议

源地址——48 位源节点 MAC 地址；

类型——指明以太网过程完成后用于接收数据的上层协议类型；

数据——在介质上传输的 PDU，通常为 IPV4 数据包；

帧校验序列（FCS）——用于检查损坏帧的 CRC 值。

（2）网卡的物理地址（MAC 地址）

MAC（Medium/MediaAccess Control，介质访问控制）地址是烧录在 Network Interface Card(网卡，NIC)里的。MAC 地址，也叫硬件地址，是由 48 比特（6 字节/byte，1byte=8bits），而这 6 个字节中的最高有效字节中的最低有效位用来标识 unicast 和 mulcast，即单播和多播；而次最低有效位则用来标识 universally administered address 和 locally administered address，其中：universally administered address 是指烧录在固件中由厂商指定的地址，也即大家通常所理解的 MAC 地址，而 locally administered address 则是指由网络管理员为了加强自己对网络管理而指定的地址）二进制数字组成，一般用 16 个十六进制数表示，如 00-50-BA-CE-07-0C。0～23 位叫做组织唯一标志符 OUI（Organizationally unique identifier），是 IEEE 分配给网卡生产厂商的，24～47 位是由厂家自己分配，也叫网卡序号。网卡的物理地址通常是由网卡生产厂家烧入网卡的 EPROM（一种闪存芯片，通常可以通过程序擦写），它存储的是传输数据时真正赖以标识发出数据的电脑和接收数据的主机的地址。

（3）WAN 的 ppp 协议数据帧（见图 6-3）

标志	地址	控制	协议	数据	FCS
1个字节	1个字节	1个字节	2个字节	不定	2个或4个字节

图 6-3　ppp 协议帧

如图 6-3 所示，广域网 ppp 协议帧具有以下几个基本字段。

标志——表示帧开始或结束位置的一个字节。所有的 PPP 帧都是由一个标准的二进制字节（01111110）作为开始的。

地址——它是一个标准的广播地址（注意：PPP 通信不分配个人站地址）。它总是被设置成二进制值：11111111，以表示所有的站都可以接受该帧。

控制——二进制值为：00000011，表示这是一个无序号帧。也就是说，在默认情况下，PPP 协议并没有采用序列号和确认应答来实现可靠传输。

协议——标志帧中数据字段封装的协议。已定义的协议代码包括：LCP、NCP、IP、IPX、AppleTalk 等。以 0 位作为开始的协议是网络层协议，如 IP、IPX、XNS 等；以 1 位作为开始的协议被用于协商其他的协议，如 LCP、NCP。0×C021 表示 LCP 数据报文，0×8021 表示 NCP 数据报文，0×0021 表示 IP 数据报文。协议的默认大小为 2 字节，但是通过 LCP 可以将它协商为 1 个字节。

68

数据——（又称"净荷域"），可以是任意长度，包含协议字段中指定的协议数据报。如果在线路建立过程中没有通过 LCP 协商该长度，则使用默认长度 1500 字节。如果有需要，在该字段之后可以加上一些填充字节。

FCS——帧校验序列（FCS）字段，通常为 16 位（2 个字节长），也可以为 4 个字节。PPP 的执行可以通过预先协议采用 32 位 FCS 来提高差错检测。

【实训步骤】

1. 捕获局域网数据包，分析以太网数据帧格式

首先按照拓扑结构搭建网络环境，并按照给定的地址配置主机和设备，路由器的配置参考实训九，然后使用 PC0 主机 ping PC1 主机，通过抓取 icmp 数据，分析以太网的帧格式，步骤如下。

① 在 PC0 主机上启动 Ethereal 抓包工具，单击菜单栏 Capture/Interfaces，打开 Capture Interfaces 对话框，选择抓包网卡，如图 6-4 所示。

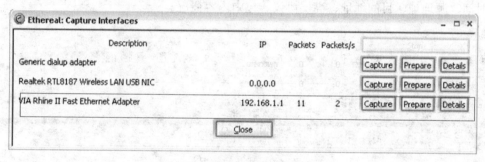

图 6-4　Capture Interfaces 对话框

② 选择第三张网卡后面的"Prepare"按钮，设置过滤条件，在 Capture Filter 栏中输入"icmp"，如图 6-5 所示。然后单击"Start"开始捕获数据包。

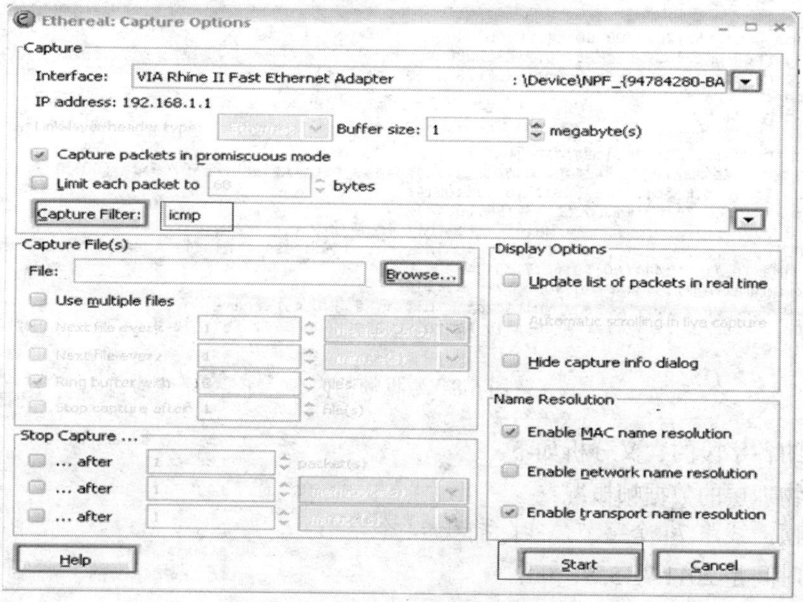

图 6-5　Capture Options 对话框

③ 在 PC0 主机上，点击"开始/运行"，在运行框中输入"cmd"，打开命令提示符界面，输入"ping 192.168.2.1"测试和主机 PC1 之间的连通性，如图 6-6 所示。

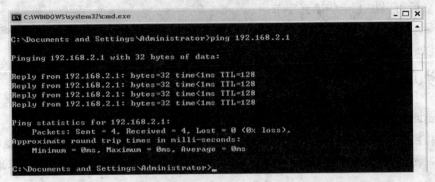

图 6-6　ping 界面

④ 单击"Stop"停止按钮，停止捕获数据包，如图 6-7 所示。图中各项含义分别是帧序号、时间、源地址、目的地址、高层协议、包中内容概况。

图 6-7　捕获的数据包

⑤ 选中第五个帧，点击开前面的"+"，显示出物理层帧和数据链路层以太网帧的详细内容，如图 6-8 所示。

```
- Frame 5 (74 bytes on wire, 74 bytes captured)
    Arrival Time: Jul 15, 2011 09:00:14.903063000
    [Time delta from previous packet: 0.717301000 seconds]
    [Time since reference or first frame: 3.717882000 seconds]
    Frame Number: 5
    Packet Length: 74 bytes
    Capture Length: 74 bytes
    [Protocols in frame: eth:ip:icmp:data]
- Ethernet II, Src: EdimaxTe_71:34:44 (00:50:fc:71:34:44), Dst: Asiarock_56:09:4a (00:13:8f:56:09:4a)
  - Destination: Asiarock_56:09:4a (00:13:8f:56:09:4a)
      Address: Asiarock_56:09:4a (00:13:8f:56:09:4a)
      .... ...0 .... .... .... .... = Multicast: This is a UNICAST frame
      .... ..0. .... .... .... .... = Locally Administered Address: This is a FACTORY DEFAULT address
  - Source: EdimaxTe_71:34:44 (00:50:fc:71:34:44)
      Address: EdimaxTe_71:34:44 (00:50:fc:71:34:44)
      .... ...0 .... .... .... .... = Multicast: This is a UNICAST frame
      .... ..0. .... .... .... .... = Locally Administered Address: This is a FACTORY DEFAULT address
    Type: IP (0x0800)
```

图 6-8　数据帧的内容

数据帧的各字段的含义分析如下。

首先是物理层的数据帧概况：

• 5 号帧，线路 74 个字节，实际捕获 74 个字节；

• 达到时间是 2011.7.15, 9：00；

• 此包和前一数据包的时间间隔为 0.717301 秒；

- 此包与第一帧的间隔时间为 3.717882 秒；
- 帧序号为 5；
- 帧长度为 74 个字节；
- 捕获长度为 74 个字节；
- 帧内封装的协议层次结构：以太网：ip：icmp：数据。

接下来数据链路层以太网帧头部信息：
- 以太网协议版本：II，源地址：厂名-序号（网卡地址），目的地址：厂名-序号（网卡地址）；
- 目的地址：厂名：华擎科技，序号为 56:09:4a，MAC 地址为 00:13:8f:56:09:4a；
- MAC 地址；
- 组播：值为 0，说明这是一个单播帧；
- 管理员指定的地址：值为 0，说明这是厂商指定的地址；
- 源地址：厂名：EdimaxTe，序号 71:34:44，MAC 地址为 00:50：fc:71:34:44；
- MAC 地址；
- 这是一个单播帧；
- 这是厂商指定的地址；
- 类型：2 个字节，值为 0x0080，IP 协议。

⑥ 通过 ipconfig/all 查看 PC0 的物理地址，如图 6-9 所示。

图 6-9　查看网卡物理地址

由查看结果可以看出，数据帧中封装的源 MAC 地址就是源主机 PC0 的地址。同学们可以用同样的方法查看目的主机 PC1 的物理地址。通过以上实训内容，我们了解了以太网数据帧的格式及各个字段的含义。因为在局域网中有多个目的节点，所以在数据帧中要明确标出源和目的主机的地址。

2. 在模拟软件中查看广域网数据帧格式

① 参考实训十的配置步骤，正确配置本实训主机和路由器的地址及协议。

② 在 cisco packet tracer 模拟软件中用 PC0 主机 ping PC1 主机，如图 6-10 所示。数据包要经过路由器 Router0 和 Router1 转发，而 Router0 和 Router1 之间是广域网链路，协议是 ppp。

③ 将 cisco packet tracer 转换成 Simulation 模式，如图 6-11 所示，然后单击图中 "Auto Capture/Play" 按钮，开始捕获数据。

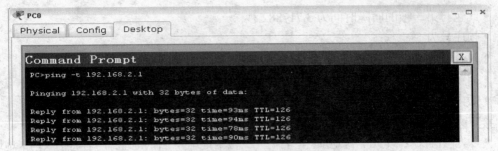

图 6-10　PC0 ping PC1

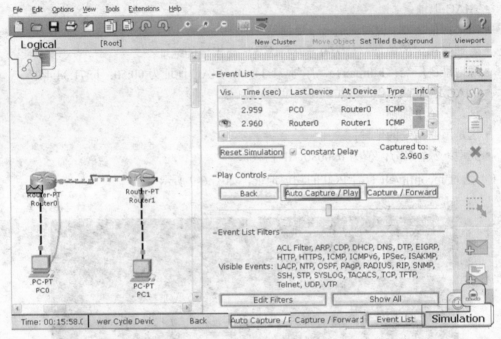

图 6-11　cisco packet tracer 的 Simulation 模式

④ 单击 Event List 框中 Router1 发给 Router0 的数据的 info 彩色块，查看数据的详细信息，结果如图 6-12 所示。这是从广域网链路上接收过来的数据，接下来要发给局域网。

图 6-12　PDU Information at Device:Router0

⑤ 单击"Inbound PDU Details"选项卡，查看接收的广域网数据封装格式，结果如图 6-13 所示。

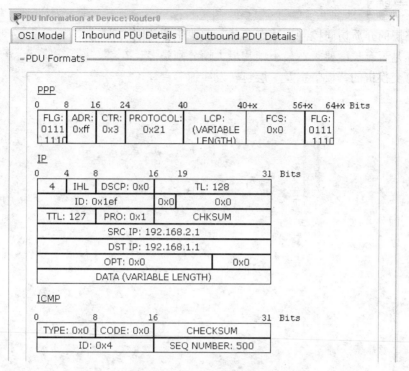

图 6-13　Inbound PDU Details

从图中看出这是 ICMP 的数据，封装到 IP 数据报中，在数据链路层封装成 PPP 协议的数据帧。下面分析 PPP 协议帧的格式及字段含义，具体内容如下。

- 标志（FLG）：8 位，值为 01111110，表示一帧的开始。
- 地址（ADR）：8 位，值为 11111111，标准目的广播地址，表示谁都可以接收，没有源地址。因为是点到点的广域网链路，一个节点发送，另外一个节点接收，所以不用太多地址信息控制帧的来源和去向。这一点和以太网帧有很多区别。
- 控制(CTR):8 位，值为 0x3，表示是一个无序号帧。
- 协议（PROTOCOL）：16 位，值为 0x21，表示封装的是一个 ip 数据报文。
- 数据：由 LCP 协商为可变长度。
- 帧校验序列（FCS）：16 位。
- 标志（FLG）：8 位，表示一个帧的结束。

从以太网帧和广域网帧结构的不同可以看出，网络类型的不同、介质的不同、协议的不同，对数据封装的格式也不同，如何为网络层的数据报提供透明传输，使得网络层不必考虑物理层介质的差异，从而减轻网络层的负担，这就是数据链路层要完成的任务。数据链路层借助物理实体网络接口卡或设备接口，将上层交下来的数据报封装成适合在下一段链路介质上传输的数据帧，从而实现数据的正常传输。

【实训总结】

本次实训主要学习数据帧的封装格式和抓包工具的使用。通过比较不同协议数据帧格式的不同，理解数据链路层存在的必要性及其作用。

 【思考题】

1. 数据链路层的介质访问控制方法有哪些？取决于哪些因素？
2. 以太网帧是否有长度要求？最小帧和最大帧分别是多长？
3. 如何计算交换机的背板带宽及二层包转发线速？

实训项目七

IP 协议/TCP 协议分析

【实训目的】

① 掌握 ethereal 抓包软件的使用；
② 掌握 IP 协议和 TCP 协议的结构及其字段含义；
③ 理解 TCP 协议会话建立和终止的过程。

【实训内容】

① 使用 PC 机访问互联网，并使用 Ethereal 抓包软件捕获数据报；
② 分析 ip 数据报的报头格式及字段含义；
③ 分析 TCP 报文的报头格式及字段含义；
④ 分析 TCP 连接建立和终止过程。

【实训环境】

1. 实训设备

一台 PC，互联网环境。

2. 实训环境（见图 7-1）

图 7-1　实训拓扑图

说明：PC 机作为客户端主机连入互联网，访问网络中的远程服务器。

【理论基础】

1. IP 协议

IP 即 Internet Protocol，称为"网络协议"，是最常用的网络层协议。IPv4（IP 第四版）是目前使用最为广泛的 ip 版本。它是通过 internet 传送用户数据时使用的唯一一个第 3 层协议。

版本——包含 IP 版本号(4)。

报头长度(IHL)——指定数据报报头的大小。

服务类型——包含一个 8 位二进制值，用于确定每个数据报的优先级别。通过此值，可以对优先级别高的数据报（如传送电话语音数据的数据报）使用服务质量(QOS)机制。处理数据报的路由器可以配置为根据服务类型值来确定首先转发的数据报。

数据报长度——此字段以字节为单位，提供了包括报头和数据在内的整个数据报的大小。

标识——此字段主要用于唯一标识原始 IP 数据报的数据片。

标志和分片偏移量——路由器从一种介质向具有较小 MTU 的另一种介质转发数据报时必须将数据报分片。如果出现分片的情况，IPv4 数据报会在到达目的主机时使用 IP 报头中的片偏移量字段和 MF 标志来重建数据报。片偏移量字段用于标识数据报的数据片在重建时的放置顺序。

生存时间(TTL)——是一个 8 位二进制值，表示数据报的剩余"寿命"。数据报每经一个路由器（即每一跳）处理，TTL 值便减一。当该值变为零时，路由器会丢弃数据报并从网络数据流量中将其删除。

协议——此 8 位二进制值表示数据报传送的数据负载类型。典型的值包括：01 ICMP，06 TCP，17 UDP。

报头校验和——校验和字段用于对数据报报头执行差错校验。

IP 源地址——包含一个 32 位二进制值，代表数据报源主机的网络层地址。

IP 目的地址——包含一个 32 位二进制值，代表数据报目的主机的网络层地址。

选项——IPv4 报头中为提供其他服务另行准备了一些字段，但这些字段极少使用。

ip 报头如图 7-2 所示。

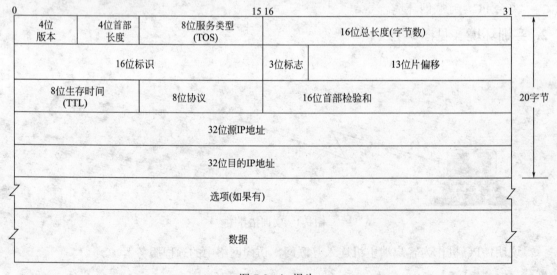

图 7-2　ip 报头

2. TCP 协议及会话连接的建立和终止

（1）TCP 协议

TCP 即传输控制协议（Transmission Control Protocol）。TCP 是一种面向连接（连接导向）的、可靠的、基于字节流的传输层（Transport layer）通信协议，完成传输层所指定的功能。

76

源端口/目的端口——识别应用程序的地址。

顺序号——所发送的数据的第一字节的序号。

确认号——期望收到的数据（下一个消息）的第一字节的序号。

头部长度——表示数据报头的长度。

窗口大小——通知发送方接收窗口的大小，即最多可以发送的字节数。

校验和——根据报头和数据字段计算出的校验和。

紧急指针（URG）——1 表示加急数据，此时紧急指针的值为加急数据的最后一个字节的序号。

确认位（ACK）——1 表示确认序号字段有意义。

急迫位（PSH）——1 表示请求接收端的传输实体尽快交付应用层。

重建位（RST）——1 表示出现严重差错，必须释放连接，重建。

同步位（SYN）——SYN=1，ACK=0 表示连接请求消息；SYN=1，ACK=1 表示同意建立连接消息。

终止位（FIN）——1 表示数据已发送完，要求释放连接。

TCP 报头如图 7-3 所示。

图 7-3　TCP 报头

（2）TCP 三次握手（见图 7-4）

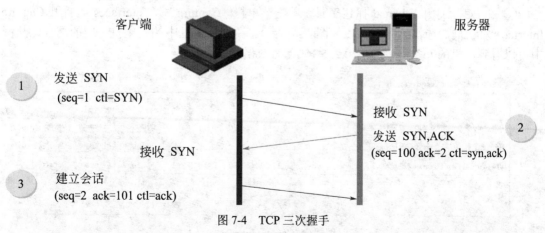

图 7-4　TCP 三次握手

① 客户端发送一个带 SYN 标志的 TCP 报文到服务器。这是三次握手过程中的报文 1。

② 服务器端回应客户端的，这是三次握手中的第 2 个报文，这个报文同时带 ACK 标志和 SYN 标志。因此它表示对刚才客户端 SYN 报文的回应，同时又标志 SYN 给客户端，询问

77

客户端是否准备好进行数据通信。

　　③ 客户必须再次回应服务段一个 ACK 报文，这是报文段 3。

　　（3）TCP 连接终止（四次挥手）（见图 7-5）

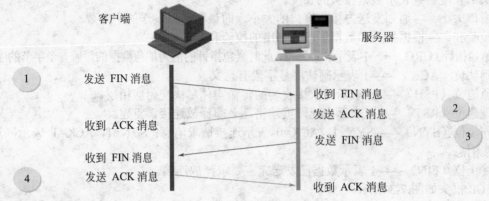

图 7-5　TCP 连接终止

　　由于 TCP 连接是全双工的，因此每个方向都必须单独进行关闭。这原则是当一方完成它的数据发送任务后就能发送一个 FIN 来终止这个方向的连接。收到一个 FIN 只意味着这一方向上没有数据流动，一个 TCP 连接在收到一个 FIN 后仍能发送数据。首先进行关闭的一方将执行主动关闭，而另一方执行被动关闭。

　　① TCP 客户端发送一个 FIN，用来关闭客户到服务器的数据传送。

　　② 服务器收到这个 FIN，它发回一个 ACK，确认序号为收到的序号加 1。和 SYN 一样，一个 FIN 将占用一个序号。

　　③ 服务器关闭客户端的连接，发送一个 FIN 给客户端。

　　④ 客户端发回 ACK 报文确认，并将确认序号设置为收到序号加 1。

【实训步骤】

1. 使用客户端主机访问 internet，并使用 ethereal 捕获数据报

　　① 在 PC 上打开 Ethereal 抓包工具，单击菜单栏 "Capture" / "Interfaces"，打开 Capture Interface 对话框，选择抓包网卡，如图 7-6 所示。图中红色框中的是主机上网的网卡，从图中可以看到本机的 ip 地址为 10.20.235.150，有数据报。

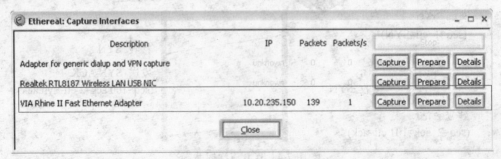

图 7-6　Capture Interfaces

　　② 选择第三张网卡后面的 "Prepare" 按钮，设置过滤条件，在 Capture Filter 栏中输入 "ip"，如图 7-7 所示。然后单击 "Start" 开始捕获数据报。

78

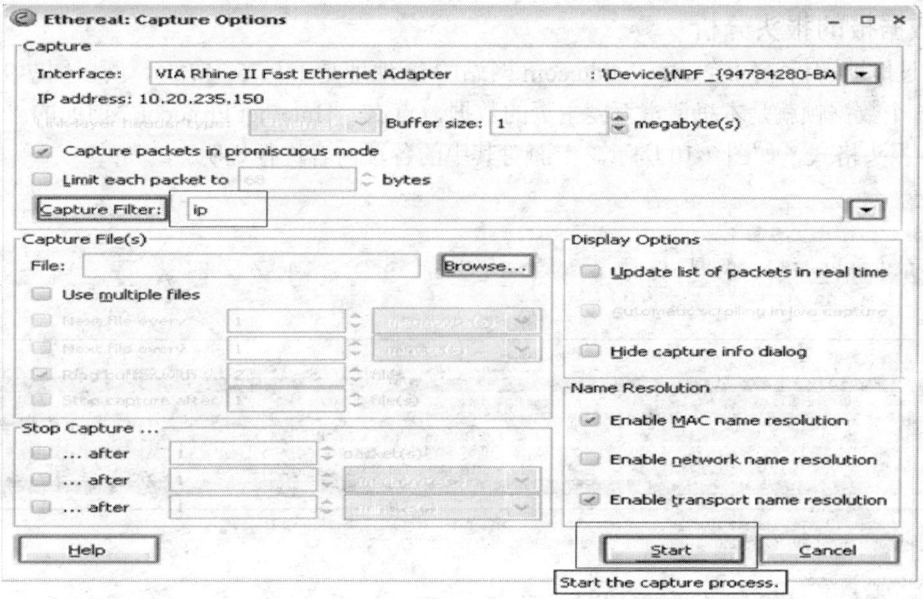

图 7-7　Capture Options

③ 通过 PC(10.20.235.150)访问百度（www.baidu.com）网站主页，如图 7-8 所示。

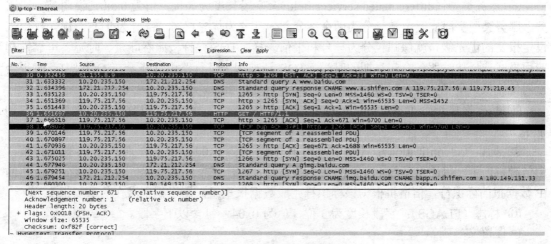

图 7-8　百度主页

④ 单击"Stop"停止按钮，停止捕获数据报，如图 7-9 所示。

图 7-9　捕获的 ip 数据报

2. ip 数据报的报头分析

通过地址解析，知道 www.baidu.com 网站的 ip 地址是 119.75.217.56，所以图 7-9 中捕获的第 36 个数据帧就是本机请求百度主页的数据，点击 "Internet Protocol" 前面的 "+" 号，分析 ip 报头格式，如图 7-10 所示。下面对其中的各项内容进行说明。

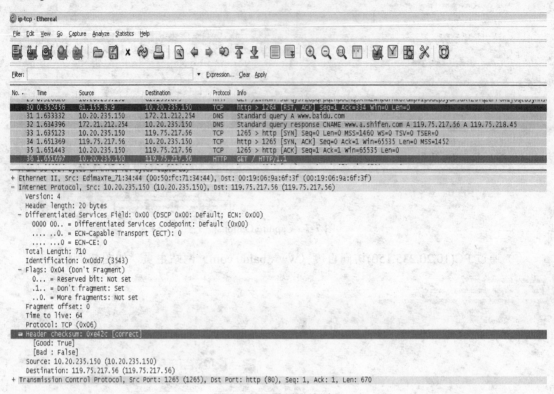

图 7-10　ip 数据报的报头

① 版本（Version）：字段长度为 4 位，指定 ip 协议的版本号，这里值为 4，即 Ipv4。

② 首部长度（Header Length）：字段长度为 4 位，ip 协议报头的长度，指明 Ipv4 协议报头长度的字节数。这里值为 20，即 20 个字节。

③ 服务类型（differentiated services field）：字段长度为 8 位，值为 0x00，说明是一般服务。服务类型字段实际上被划分为两个部分，一部分为优先权，一部分为 TOS。优先权用来设定报文的优先级，就像邮包分为挂号和平信一样。TOS 允许按照吞吐量、时延、可靠性和费用方式选择传输服务，在早期的时候，TOS 还被用来进行路由选择。在 QOS 中有时也会使用优先权，常见的优先权队列。

④ 数据报总长度（total length）：字段长度为 16，值为 710，即数据报的总长度为 710 个字节。

⑤ 标识（identification）：字段长度为 16 位，值为 0x0dd7(3543)。唯一的 ip 数据报值，由信源机产生，每次自动加 1，当 IP 数据报被分片时，每个数据分片仍然沿用该分片所属的 IP 数据报的标识符，信宿机根据该标识符完成数据报重组，用于识别潜在的重复报文等。

⑥ 标志（FLAGS）：字段长度为 3 位，值为 0x04，包含以下字段。

• 保留位：1 位。

• 不分段位：1 位，取值为 0（允许数据分段）或 1（数据不能分段）。这里值为 1，表示

80

不允许分片（DON'T FRAGMENT）。

● 更多段位：1 位，取值为 0（数据报后面没有包，该包为最后包）或 1（数据报后面有更多数据包）。这里值为 0，表示后面没有数据包。

⑦ 片偏移（fragment offset）：字段长度为 13，值为 0，表示本片数据在它所属数据报数据区中的偏移量，是信宿机进行各分片的重组提供顺序依据。

⑧ 生存时间（time to live）：字段长度为 8 位，值为 64，用来解决循环路径问题，数据报没经过一个路由器，TTL 减 1，当 TTL 减为 0 时，如果仍未到达信宿机，便丢弃该数据报。

⑨ 协议标识（protocol）：字段长度为 8 位，值为 0x06，表示被封装的协议为 TCP。

⑩ 首部校验和（head checksum）：字段长度为 16 位，值为 0xe42c(correct)，表示首部数据完整。

⑪ 源主机（source）：字段长度为 32 位，地址为 10.20.235.150（本机）。

⑫ 目的主机（destination）：字段长度为 32 位，地址为 119.75.217.56(服务器)。

⑬ IP 选项：无。

⑭ 数据：需要被传输的数据。

3. TCP 数据报头分析

在图 7-10 中，点击开"Transmission Control Protocol"前面的"+"号，分析 TCP 报头格式，如图 7-11 所示。以下是 TCP 报头字段的说明。

图 7-11 TCP 报文

① 源端口（Source Port）：字段长度为 16 位，值为 1265，表示发起连接的源端口为 1265。

② 目的端口（Destination Port）：字段长度为 16 位，值为 80（http），表示要连接的目的端口为 80。

③ 序列号（Sequence Number）：字段长度为 32 位，值为 1，即 SEQ 值，表示发送方发送的数据流中被封装的数据所在位置。

④ 确认号（Acknowledgment Number）：字段长度为 32 位，值为 1，确认号确定了源点

下一次希望从目标接收的序列号。

⑤ 报头长度（Header length）：字段长度为 4 位，值为 20 个字节。由于可选项字段的长度可变，所以这一字段标识出数据的起点是很重要的。

⑥ 保留（Reserved）：字段长度为 6 位，此处不用，通常设置为 0。

⑦ 标记（Flags）：字段长度为 6 位，值为 0x0018，该值用两个十六进制数来表示。6 个标志位的含义如下。

● 紧急数据标志（URG）：1 位，取值为 0（表示不是紧急数据）或 1（表示有紧急数据，应立即进行传递），这里值为 0。

● 确认标志位（ACK）：1 位，取值为 0（表示非应答数据）或 1（表示此数据包为应答数据包），这里值为 1。

● PUSH 标志位（PSH）：1 位，取值为 0（没有要提交的数据）或 1（表示此数据包应立即进行传递），这里值为 1。

● 复位标志位（RST）：1 位，取值为 0（不用复位）或 1（复位），这里值为 0。如果收到不属于本机的数据包，则返回一个 RST。

● 连接请求标志位（SYN）：1 位，取值为 0（表示没有连接请求）或 1（表示发起连接的请求数据包），这里值为 0，因为连接已经建立。

● 结束连接请求标志位（FIN）：1 位，取值为 0（表示没有终止请求）或 1（表示是结束连接的请求数据包），这里值为 0。

⑧ 窗口大小（Window）：字段长度为 16 位，值为 65535，表示窗口是 65535。

⑨ 校验和（CheckSum）：字段长度为 16 位，值为 0xf82f（Correct），表示校验结果正确。

4. TCP 会话建立过程中的"三次握手"分析

TCP 是一个面向连接的传输层协议，通信双方在传送用户数据之前，先在传输层启动 TCP 进程在双方主机间建立会话连接，如图 7-12 所示，第 33、34、35 三个数据帧就是本机和百度服务器之间的三次握手，在传输主页数据之前。下面对三次握手的数据进行分析。

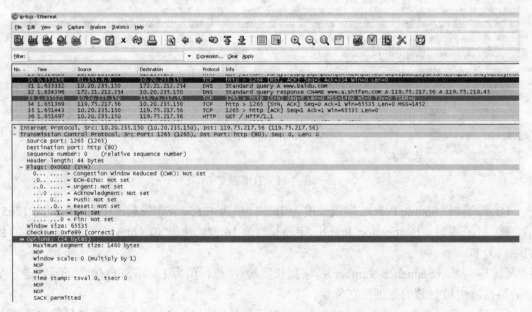

图 7-12 TCP 会话建立过程的"三次握手"

82

① 第一个帧（33）：本机（客户端）向百度服务器发送了一个数据包，本机随机选择了 1265 端口作为源端口向服务器的 80 端口发送连接请求。报文中的 syn 控制位置 1，被设定为同步，序列号随机设置为 0 用来识别这次 TCP 会话，窗口大小为 65535 字节，这是三次握手的第一个报文。

② 第二个帧（34）：服务器端回应客户端的，这是三次握手中的第 2 个报文，这个报文同时带 ACK 标志和 SYN 标志。因此它表示对刚才客户端 SYN 报文的回应（ACK=1，客户端序列号+1）；同时又发送标志 SYN 给客户端，序列号为 0，询问客户端是否准备好进行数据通信。

③ 第三个帧（35）：客户必须再次回应服务器一个 ACK 报文，ACK=1，是服务器发送的报文的序列号值+1，这是报文段 3。

通过三次握手，客户端和服务器端建立起会话连接，开始发送用户数据，如数据帧 36。

5. TCP 会话终止过程的"四次挥手"过程

① 本机通过命令"telnet bbs.tsinghua.edu.cn"远程登录水木清华论坛，如图 7-13 所示。

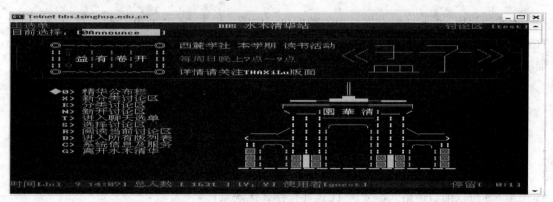

图 7-13　telnet bbs.tsinghua.edu.cn

② 打开 ethereal 抓包软件，然后退出 BBS，捕获离开 bbs 论坛时的 TCP 终止会话连接报文，如图 7-14 所示。

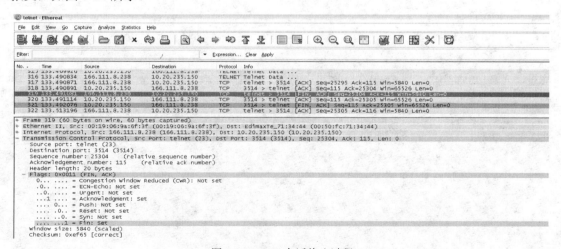

图 7-14　TCP 会话终止过程

83

由于 TCP 连接是全双工的，因此每个方向都必须单独进行关闭。这原则是当一方完成它的数据发送任务后就能发送一个 FIN 来终止这个方向的连接。收到一个 FIN 只意味着这一方向上没有数据流动，一个 TCP 连接在收到一个 FIN 后仍能发送数据。首先进行关闭的一方将执行主动关闭，而另一方执行被动关闭。第 319,320,321,322 个数据帧就是本机和 telnet 服务器间四次挥手过程的数据。下面对四次挥手数据进行分析。

- TCP 服务器端（166.111.8.238）发送一个 FIN 请求，用来关闭客户到客户端的数据传送，序列号为 25304（报文段 319）。
- 客户端收到这个 FIN，它发回服务器一个 ACK=25305，确认序号为收到的序列号值加 1（报文段 320）。
- 同样，客户端发送给服务器端一个 FIN 请求，序列号为 115（报文段 321）。
- 服务器发回客户端 ACK 报文确认，并将确认序号设置为收到序列号加 1，即 116（报文段 322）。

经过四次挥手，客户端和服务器之间终止了远程登录的会话连接。

【实训总结】

本实训使用 ethereal 捕获网络中的数据包，依次分析了 ip 和 TCP 协议的字段含义以及 TCP 会话建立和终止的过程。完成本实训后，应该学会对协议进行分析，理解常用字段含义，理解 TCP 面向连接和可靠的特征。

【思考题】

1. 如何修改捕获数据包的网卡？如无线网卡。
2. 采用 ethereal 工具软件捕获应用层协议，如 http，DNS，并分析它们的工作过程。
3. ip 协议是否可靠？与传输介质类型是否有关系？
4. 根据 tcp 协议的数据格式，分析 TCP 具有什么优缺点？

84

实训项目八

使用 CLI 界面进行交换机的基本配置

【实训目的】

① 掌握可管理交换机各种操作模式的区别及其之间的切换；
② 掌握交换机的基本配置方法和命令；
③ 学会管理交换机的配置文件。

【实训内容】

① 切换交换机的不同模式并设置使能口令；
② 配置交换机的基本信息；
③ 管理交换机的配置文件。

【实训环境】

1. 实训设备

两台 PC,一台交换机，两条网线，一条 Console 线。

2. 实训环境（见图 8-1）

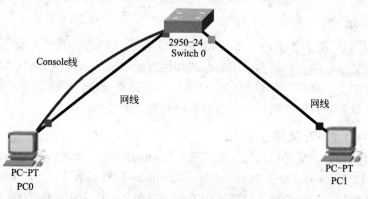

图 8-1　实训拓扑图

说明：PC0 通过 Console 线连接交换机的 Console 口，进行带外管理配置；PC0 和 PC1 通过网线分别连接交换机的 fastethernet0/1 和 fastethernet0/2 接口，进行测试。

【理论基础】

1. 交换机的工作原理

交换机本质上是具有流量控制能力的多端口网桥，即传统的（二层）交换机。交换机工作在链路层，它的各个端口都具有桥接功能，每个端口可以连接一个 LAN 或一台高性能网站或服务器，能够通过自学来了解每个端口的设备连接情况。所有端口由专用处理器进行控制，并经过控制管理总线转发信息。

二层交换技术的发展比较成熟，可以识别数据包中的 MAC 地址信息，根据 MAC 地址进行转发，并将这些 MAC 地址与对应的端口记录在自己内部的一个地址表中，即 MAC 表。对每个收到的帧，交换机都会将帧头中的 MAC 地址和 MAC 表中的地址列表进行比对。如果找到匹配项，表中与 MAC 地址配对的端口号将用作帧的送出端口。

2. 交换机的基本操作

（1）学习

MAC 表中必须填入 MAC 地址及其对应端口。学习过程使交换机在正常运行期间动态获取这些映射。当每个帧进入交换机时，交换机将会检查源 MAC 地址。通过查询过程，交换机将确定表中是否已经包含该 MAC 地址条目。如果未包含，交换机将使用源 MAC 地址在 MAC 地址表中新建一个条目，然后将地址与条目到达的端口进行配对。

（2）过期

通过学习过程获取的 MAC 表条目具有时间戳。时间戳用于从 MAC 表中删除旧条目。

（3）泛洪

如果交换机的 MAC 表中没有与收到帧的目的 MAC 地址的匹配项，将会泛洪此帧。泛洪指将帧发送到除帧进入接口之外的所有接口。

（4）选择性转发

选择性转发是检查帧的目的 MAC 地址后将帧从适当的端口转发出去的过程。

（5）过滤

在某些情况下，帧不会被转发。如交换机不会将帧转发到接收帧的端口；交换机将丢弃损坏；由于安全设置，交换机将阻挡发往/来自选定 MAC 地址或特定端口的帧。

3. 交换机的结构

交换机的内部结构主要由中央处理器 CPU、各端口的内部接口电路和存储器组成。RAM/DRAM 是交换机的主存储器，用来存储和运行配置。非易失性 RAM（NVRAM）用来存储备份配置文件等。快闪存储器 Flash ROM 用来存储系统软件映像启动配置文件等；只读存储器 ROM 用来存储开机诊断程序、引导程序和操作系统软件。

4. Cisco Catalyst 2950 交换机介绍

Cisco catalyst 2950 交换机，二层交换机，Catalyst 2950 系列包括 Catalyst 2950T-24、2950-24、2950-12 和 2950C-24 交换机。Catalyst 2950-24 交换机有 24 个 10/100 端口；2950-12 有 12 个 10/100 端口；2950T-24 有 24 个 10/100 端口和 2 个固定 10/100/1000 BaseT 上行链路端口；2950C-24 有 24 个 10/100 端口和 2 个固定 100 BaseFX 上行链路端口。

Cisco Catalyst 2950 系列智能以太网交换机是一个固定配置、可堆叠的独立设备系列，提供了线速快速以太网和千兆位以太网连接，属于接入交换机，为中型网络和城域接入应用提供了智能服务。

5. 交换机的管理方式

交换机的管理方式可以简单地分为带外管理（out-of-band）和带内管理（in-band）两种管理模式。所谓带内管理，是指网络的管理控制信息与用户网络的承载业务信息通过同一个逻辑信道传送，即占用业务带宽，如 TELNET 方式、WEB 方式或 SNMP 方式等；而在带外管理模式中，网络的管理控制信息和用户网络的承载业务信息在不同的逻辑信道传送，也就是设备提供专门用于管理的带宽，如通过 console 口进行管理，交换机初次配置需要通过带外方式进行管理。

交换机的 CLI 操作模式主要有一般用户模式、特权用户模式、全局配置模式、接口配置模式和 vlan 模式。

① 一般用户模式：用户进入 CLI 界面，首先进入的就是一般用户模式，提示符为"switch>"。该模式下，用户只能查看一些简单的信息，不能对交换机进行配置，所有交换机都支持一般用户模式。

② 特权用户模式：在一般用户模式下，输入"enable"命令，进入特权用户配置模式（若特权用户有口令，需要输入口令），提示符为"switch#"。所有交换机都支持特权用户配置模式，该模式下可以查看设备的配置信息。当用户在特权模式下，使用"exit"命令退回上级模式——一般用户模式，或者使用"Ctrl+z"快捷键也可退出该模式。

③ 全局配置模式：在特权用户配置模式下，输入"configuration terminal"命令，即可进入全局配置模式，提示符为"switch(config)#",该模式下可配置设备名字、划分 vlan。

④ 接口配置模式：在全局配置模式下，输入"interface"命令进入相应的接口配置模式。二层交换机操作系统提供两种端口类型：CPU 端口和以太网端口。该模式下可以配置接口 ip 地址、设置端口属性等。

⑤ Vlan 配置模式：在全局配置模式，输入"vlan <vlan-id>"，进入相应 vlan 配置模式，可以配置 vlan 成员端口。

交换机命令行支持获取帮助信息、命令的简写、命令的自动补齐、快捷键功能。

【实训步骤】

在初始配置下，可以配置交换机的 ip 地址、enable 及 telnet 连接密码，使得网络管理员可以通过带内管理方式进行管理。

通过交换机的 console 端口管理交换机，需要用控制线连接计算机的串口和交换机的 console 接口，然后通过"开始/程序/附件/通信/超级终端"打开超级终端，端口属性设置为默认值，然后登录设备进行配置。

1. 交换机各个配置模式间的切换及特权模式口令

```
Switch>enable                              ! 进入特权用户模式
Switch#config terminal                     ! 进入全局配置模式
Switch(config)#interface fas               ! 按 Tab 键补齐命令
Switch(config)#interface fastEthernet 0/1  ! 进入接口配置模式
Switch(config-if)#exit                      ! 退回上级模式
Switch(config)#vlan 1                       ! 进入 valn 配置模式
Switch(config-vlan)#^Z                     ! ctrl+z 退回到特权模式
Switch#
%SYS-5-CONFIG_I: Configured from console by console
Switch#?                                    ! 显示当前模式下能够执行的命令
Exec commands:
<1-99>          Session number to resume
clear           Reset functions
```

clock	Manage the system clock
configure	Enter configuration mode
connect	Open a terminal connection
copy	Copy from one file to another
debug	Debugging functions (see also 'undebug')
delete	Delete a file
dir	List files on a filesystem
disable	Turn off privileged commands
disconnect	Disconnect an existing network connection
enable	Turn on privileged commands
erase	Erase a filesystem
exit	Exit from the EXEC
logout	Exit from the EXEC
more	Display the contents of a file
no	Disable debugging informations
ping	Send echo messages
reload	Halt and perform a cold restart
resume	Resume an active network connection
setup	Run the SETUP command facility

--More—   ！按 q 退出查询

Switch#show vlan   ！显示 vlan 信息

VLAN	Name	Status	Ports
1	default	active	Fa0/1, Fa0/2, Fa0/3, Fa0/4
			Fa0/5, Fa0/6, Fa0/7, Fa0/8
			Fa0/9, Fa0/10, Fa0/11, Fa0/12
			Fa0/13, Fa0/14, Fa0/15, Fa0/16
			Fa0/17, Fa0/18, Fa0/19, Fa0/20
			Fa0/21, Fa0/22, Fa0/23, Fa0/24
1002	fddi-default	act/unsup	
1003	token-ring-default	act/unsup	
1004	fddinet-default	act/unsup	
1005	trnet-default	act/unsup	

VLAN	Type	SAID	MTU	Parent	RingNo	BridgeNo	Stp	BrdgMode	Trans1	Trans2
1	enet	100001	1500	-	-	-	-		0	0
1002	fddi	101002	1500	-	-	-	-		0	0
1003	tr	101003	1500	-	-	-	-		0	0
1004	fdnet	101004	1500	-	-	-	ieee	-	0	0
1005	trnet	101005	1500	-	-	-	ibm	-	0	0

Remote SPAN VLANs

Primary	Secondary	Type	Ports

88

```
Switch#configure ?                              ！查看命令后面的选项
   terminal    Configure from the terminal
   <cr>
Switch#configure terminal
Enter configuration commands, one per line.    End with CNTL/Z.
Switch(config)#enable password 000              ！设置特权模式口令
Switch(config)#exit
Switch# exit                                    ！退回普通用户模式
Switch>
Switch>enable
Password:                                       ！需要输入口令
Switch#
```

2. 配置交换机名字、地址等基本信息

```
Switch>enable
Switch#config term
Switch#config terminal
Enter configuration commands, one per line.    End with CNTL/Z.
Switch(config)#hostname 2950                    ！设置交换机的名字
2950(config)#
2950(config)#
2950(config)#interface fas                      ！按 Tab 键补齐命令
2950(config)#interface fastEthernet 0/1         ！进入交换机的 f0/1 接口
2950(config-if)#speed 100                       ！设置端口速度为 100M
2950(config-if)#duplex half                     ！设置端口为半双工模式
2950(config-if)#exit
2950(config)#interface fastethernet 0/2
2950(config-if)#speed 100
2950(config-if)#dup
2950(config-if)#duplex ?
   auto    Enable AUTO duplex configuration
   full    Force full duplex operation
   half    Force half-duplex operation
2950(config-if)#duplex full                     ！设置交换机 f0/2 端口为全双工模式

%LINK-5-CHANGED: Interface FastEthernet0/2, changed state to down
%LINEPROTO-5-UPDOWN: Line protocol on Interface FastEthernet0/2, changed state to down2950(config-if)#
2950(config-if)#exit
2950(config)#exit
2950#
2950#show interfaces f0/1                        ！查看端口 f0/1 的信息
FastEthernet0/1 is up, line protocol is up (connected)  ！端口状态开启
   Hardware is Lance, address is 00d0.58b2.6d01 (bia 00d0.58b2.6d01)
 BW 100000 Kbit, DLY 1000 usec,
       reliability 255/255, txload 1/255, rxload 1/255
   Encapsulation ARPA, loopback not set
```

Keepalive set (10 sec)

Half-duplex, 100Mb/s   ！半双工，100M 速率

input flow-control is off, output flow-control is off

2950#show interfaces f 0/2

FastEthernet0/2 is down, line protocol is down (disabled)！端口 f0/2 状态关闭

Hardware is Lance, address is 00d0.58b2.6d02 (bia 00d0.58b2.6d02)

BW 100000 Kbit, DLY 1000 usec,

reliability 255/255, txload 1/255, rxload 1/255

Encapsulation ARPA, loopback not set

Keepalive set (10 sec)

Full-duplex, 100Mb/s

2950(config)#interface f0/2

2950(config-if)#duplex half   ！设置端口为半双工模式

%LINK-5-CHANGED: Interface FastEthernet0/2, changed state to up

！端口状态开启

因为连接的两台主机网卡都是半双工模式，所以交换机的端口也必须配置成半双工模式，两端要一致，端口
状态才会 up。

2950(config-if)#exit

2950(config)#interface vlan 1   ！进入交换机的 CPU 接口

2950(config-if)#ip address 192.168.1.1 255.255.255.0

！配置交换机地址

2950(config-if)#no shutdown

！开启接口

%LINK-5-CHANGED: Interface Vlan1, changed state to up

%LINEPROTO-5-UPDOWN: Line protocol on Interface Vlan1, changed state to up

2950(config-if)#end   ！退回特权用户模式

2950#show version   ！查看系统硬件配置、软件版本信息及引导信息

Cisco Internetwork Operating System Software

IOS (tm) C2950 Software (C2950-I6Q4L2-M), Version 12.1(22)EA4, RELEASE SOFTWARE(fc1)

Copyright (c) 1986-2005 by cisco Systems, Inc.

Compiled Wed 18-May-05 22:31 by jharirba

Image text-base: 0x80010000, data-base: 0x80562000

ROM: Bootstrap program is is C2950 boot loader

Switch uptime is 44 minutes, 39 seconds

System returned to ROM by power-on

Cisco WS-C2950-24 (RC32300) processor (revision C0) with 21039K bytes of memory.

Processor board ID FHK0610Z0WC

Last reset from system-reset

Running Standard Image

24 FastEthernet/IEEE 802.3 interface(s)

63488K bytes of flash-simulated non-volatile configuration memory.

Base ethernet MAC Address: 0050.0F34.038A

90

Motherboard assembly number: 73-5781-09
Power supply part number: 34-0965-01
Motherboard serial number: FOC061004SZ
Power supply serial number: DAB0609127D
Model revision number: C0
Motherboard revision number: A0
Model number: WS-C2950-24
System serial number: FHK0610Z0WC
Configuration register is 0xF
2950#show running-config   ！查看交换机当前配置信息
Building configuration...

Current configuration : 1006 bytes
!
version 12.1
no service timestamps log datetime msec
no service timestamps debug datetime msec
no service password-encryption
!
hostname 2950
!
!
!
interface FastEthernet0/1
  duplex half
  speed 100
!
interface FastEthernet0/2
  duplex half
  speed 100
!
interface FastEthernet0/3
!
interface FastEthernet0/4
!
interface FastEthernet0/5
!
interface FastEthernet0/6
!
interface FastEthernet0/7
!
interface FastEthernet0/8
!
interface FastEthernet0/9
!
interface FastEthernet0/10

```
!
interface FastEthernet0/11
!
interface FastEthernet0/12
!
interface FastEthernet0/13
!
interface FastEthernet0/14
!
interface FastEthernet0/15
!
interface FastEthernet0/16
!
interface FastEthernet0/17
!
interface FastEthernet0/18
!
interface FastEthernet0/19
!
interface FastEthernet0/20
!
interface FastEthernet0/21
!
interface FastEthernet0/22
!
interface FastEthernet0/23
!
interface FastEthernet0/24
!
interface Vlan1
  ip address 192.168.1.1 255.255.255.0
!
!
line con 0
!
line vty 0 4
  login
line vty 5 15
  login
!
!
end
2950#
```

3. 设置 telnet 登录密码

```
2950(config)#line
2950(config)#line vty 0 4                          ! 设置登录设备的用户个数
```

```
2950(config-line)#login
% Login disabled on line 1, until 'password' is set
% Login disabled on line 2, until 'password' is set
% Login disabled on line 3, until 'password' is set
% Login disabled on line 4, until 'password' is set
% Login disabled on line 5, until 'password' is set
2950(config-line)#pass
2950(config-line)#password abc                      ！设置 telnet 口令
2950(config-line)#
```

4. 保存交换机的配置信息

```
2950#copy running-config star
2950#copy running-config startup-config             ！保存配置文件
Destination filename [startup-config]? y
%Error copying nvram:y (Invalid argument)
2950#wr
2950#write
Building configuration...
[OK]
2950#rel
2950#reload                                         ！ 重启系统
Proceed with reload?[confirm]y
2950>en                                             ！ 重启系统后，配置信息存在
2950#show run
2950#show running-config
Building configuration...

Current configuration : 1029 bytes
!
version 12.1
no service timestamps log datetime msec
no service timestamps debug datetime msec
no service password-encryption
!
hostname 2950
!
ip name-server 0.0.0.0
!
!
interface FastEthernet0/1
 duplex half
 speed 100
!
interface FastEthernet0/2
 duplex half
 speed 100
!
--More--
```

Running-config 指的是当前正在运行的配置信息，这些信息保存在 RAM 中，设备重启或断电，该信息丢失；通过 copy running-config startup-config 命令，将 RAM 中的信息保存在 NVRAM 中，NVRAM 掉电信息不丢失。当设备重启时，将运行 NVRAM 中的配置信息。

5. 配置主机的地址并测试连通性

配置 PC0：ip 为 192.168.1.2，netmask 为 255.255.255.0

配置 PC1：ip 为 192.168.1.3，netmask 为 255.255.255.0

① 在 PC1 主机通过 ping 测试和交换机、PC0 的连通性，如图 8-2 所示。

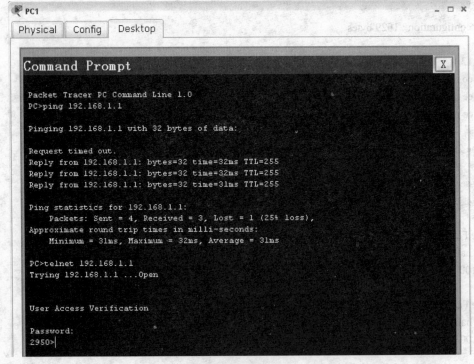

图 8-2 ping 测试界面

② PC1 主机通过 telnet 远程登录交换机，口令为 abc，登录界面如图 8-3 所示。

```
PC1                                                                    _ □ ✕
 Physical    Config    Desktop

 Command Prompt                                                          X

  Packet Tracer PC Command Line 1.0
  PC>ping 192.168.1.1

  Pinging 192.168.1.1 with 32 bytes of data:

  Request timed out.
  Reply from 192.168.1.1: bytes=32 time=32ms TTL=255
  Reply from 192.168.1.1: bytes=32 time=32ms TTL=255
  Reply from 192.168.1.1: bytes=32 time=31ms TTL=255

  Ping statistics for 192.168.1.1:
      Packets: Sent = 4, Received = 3, Lost = 1 (25% loss),
  Approximate round trip times in milli-seconds:
      Minimum = 31ms, Maximum = 32ms, Average = 31ms

  PC>telnet 192.168.1.1
  Trying 192.168.1.1 ...Open


  User Access Verification

  Password:
  2950>|
```

图 8-3 telnet 交换机

94

从测试结果看，主机之间可以 ping 通，主机和交换机也可以 ping 通，交换机有了 ip 地址，主机可以通过带内管理方式配置交换机。

6. 管理交换机的配置文件

对交换机做好相应的配置之后，明智的管理员会把运行稳定的配置文件和系统文件从交换机里拷贝出来并保存在稳妥的地方，防止日后如果交换机出了故障导致配置文件丢失的情况出现。

备份配置文件和系统文件，当交换机被清空后，可以直接把备份的文件下载到交换机上，避免重新配置的麻烦。

交换机文件的备份需要采用 TFTP 服务器（或 FTP 服务器），这也是目前最流行的上传下载的方法。

TFTP(Trivial File Transfer Protocol）/FTP(File Transfer Protocol)都是文件传输协议，在 TCP/IP 协议族中处于第四层，即属于应用层协议，主要用于主机之间、主机与交换机之间传输文件。它们都采用客户机-服务器模式进行文件传输。

TFTP 承载在 UDP 之上，提供不可靠的数据流传输服务，同时也不提供用户认证机制以及根据用户权限提供对文件操作授权；它是通过发送包文，应答方式，加上超时重传方式来保证数据的正确传输。TFTP 相当于 FTP，是提供简单的、开销不大的文件传输服务。FTP 承载于 TCP 之上，提供可靠地面向连接数据流的传输服务，但它不提供文件存取授权，以及简单地认证机制（通过明文传输用户名和密码来实现认证）。FTP 在进行文件传输时，客户机和服务器之间要建立两个连接：控制连接和数据连接。首先由 FTP 客户机发出传送请求，与服务器的 21 端口建立控制连接，通过控制连接来协商数据连接。

由此可见，两种方式不同的特点有其不同的应用环境，局域网内备份和升级可以采用 TFTP 方式，广域网中备份和升级则最好使用 FTP 方式。

实训步骤如下。

第一步：配置 TFTP 服务器。

在这里使用 Cisco TFTP Server 来配置 TFTP 服务器。

在对思科设备进行 IOS 升级的时候，首先要建立 TFTP 服务器。建立 TFTP 服务器并不复杂，对硬件的要求也不高，因为 TFTP 服务器占用的系统资源很低。对思科设备升级 IOS 可以使用思科公司自己的 TFTP 服务器软件（Cisco TFTP Server，下载地址 http://www.boweiinfo.com/cisco-tftp-server-download.html）。

Cisco TFTP 服务器的安装很简单，甚至不用安装就可以使用，安装过程在此省略，安装好的 Cisco TFTP 服务器的界面如图 8-4 所示。

下面主要介绍一下 Cisco TFTP Server 安装完后如何进行设置。

运行 Cisco TFTP 服务器后，程序界面的标题栏上会提示有 TFTP 服务器的 IP 地址，如果安装 Cisco TFTP 服务器的计算机 IP 地址是 192.168.0.1，那么标题栏上就会显示"思科 TFTP 服务器（192.168.0.1)"，标题栏后边的路径地址是 IOS 的默认保存路径。这里显示的 IP 地址是 192.168.0.2。

在 Cisco TFTP 服务器程序界面上的四个菜单栏中选择"查看(V)"，然后在出现的下拉菜单中选择"选项(O)"，这时会弹出一个对话框，在这个弹出框中设置需要设置的参数。如图 8-5 所示。

图 8-4　安装好的 Cisco TFTP 服务器界面

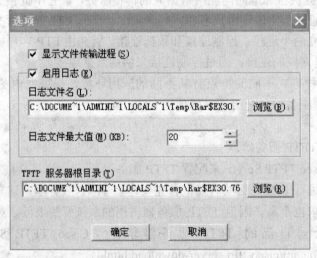

图 8-5　设置参数对话框

　　需要修改的参数有两个：一个参数是"TFTP 服务器根目录"，这个目录（默认为安装路径）用来存放 IOS 文件和设备配置文件，从设备中复制或者要复制到设备中去的文件，都要放到指定的 TFTP 服务器根目录下。另一个参数是"显示文件传输进程"选项，如果勾选这个选项，那么在复制文件到网络设备的时候，Cisco TFTP 服务器程序会在界面上显示传输速度，但是在 WindowsXP 或 Win2003 操作系统中会出现 BUG（进程会中断），因此在这两种系统中使用 Cisco TFTP 服务器时要关闭这个选项。

　　修改完这两个参数后，Cisco TFTP 服务器就可以使用了。有一点要注意：文件传输过程中不能关闭 Cisco TFTP 服务器程序。

　　按上述方法配置好 TFTP 服务器后，就可以为思科设备升级 IOS 了。

第二步：给交换机设置 IP 地址。

switch#config
switch(Config)#interface vlan1
switch(Config-If-Vlan1)#ip address 192.168.1.100 255.255.255.0
switch(Config-If-Vlan1)#no shutdown
switch(Config-If-Vlan1)#

第三步：验证主机与交换机是否连通（这一步非常重要）。

switch#ping 192.168.1.101
type^c to abort.
sending 5 56-byte ICMP Echos to 192.168.1.101,timeout is 2 seconds.
!!!!!
success rate is 100 percent(5/5),round-trip min/avg/max=0/0/0ms
switch#

第四步：查看需要备份的文件。

switch#show flash

file name	file length	
nos.img	1971486 bytes	//系统文件
startup-config	0 bytes	//该配置文件需要保存
running-config	865bytes	//该文件和 tartup-config 是一样的

switch#

第五步：备份配置文件。

switch#copy startup-config tftp://192.168.1.101/startup1

Confirm[Y/N]:y
begin to send file,wait…

file transfers complete
close tftp client
Switch#验证是否成功

a）查看 TFTP 服务器的日志。

b）到 TFTP 服务器根目录看看文件在不在，大小是否一样。

第六步：备份系统文件。

switch#copy nos.img tftp://192.168.1.101/nos.img

Confirm[Y/N]:y
nos.img file length=1971486
read file ok
begin to send file,wait…
###
#
###
#
###
#
###
#
###

file transfers complete

close tftp client

switch#

第七步：对当前的配置作修改并保存。

switch#config

switch(Config)#hostname 123

123(Config)#exit

123#wr

123#　　　　　　　//交换机已经作修改了

第八步：下载配置文件。

123#copy tftp://192.168.1.101/startup1 startup-config

Confirm[Y/N]:y

Begin to receive file,wait…

Recv 865

Write ok

Transfer complete

Close tftp client

123#

第九步：重新启动并验证是否已经还原。

Reload

重新启动后，标识符是"switch"，表明实验成功

第十步：交换机升级。

需要先下载升级包到 TFTP 服务器。

【实训总结】

本实训以 Cisco Catalyst2950 交换机为例，练习了交换机的配置模式、配置命令和配置方法。对于交换机的首次配置，要通过 Console 口进行配置 ip 地址等参数后，才能进行通过带内方式进行管理。

 【思考题】

1. 当组建局域网需要多台交换机时，如何连接多台交换机？哪种方式好？

2. 为了保证后面同学正常使用设备，如何将设备恢复出厂设置？

3. 交换机比集线器智能，体现在哪些方面？

4. 学习使用 Cisco 公司的 Packet Tracer 模拟软件搭建模拟环境，并完成本实验。

实训项目九

交换机端口隔离与跨交换机实现 VLAN

【实训目的】

本实训中主要学习通过划分 Port VLAN 来实现交换机的端口隔离，然后使在同一个 VLAN 里的计算机系统能跨交换机进行相互通信，而在不同 VLAN 里的计算机不能进行相互通信的方法。

【实训内容】

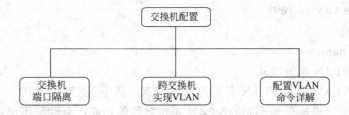

【实训环境】

① 交换机是某宽带小区住宅楼的一台楼道交换机，住户 PC1 连接在交换机的 0/5 口，住户 PC2 连接在交换机的 0/15 口，现需要实现各家各户的端口隔离。

设备类型	设备名称	设备数量
交换机	Switch	1
路由器		
三层交换机		
双绞线		2
计算机	Pc	2

② 教学楼有两层，分别是一年级和二年级，每个楼层都有一台交换机满足老师上网需求；每个年级都有英语教研组和数学教研组；两个年级的英语教研组的计算机可以互相访问；两个年级的数学教研组的计算机可以互相访问；英语教研组和数学教研组的计算机之间不可以自由访问。现通过划分 VLAN 使得英语教研组和数学教研组之间不可以自由访问。

设备类型	设备名称	设备数量
交换机	switch	2
路由器		
三层交换机		
双绞线		4
计算机	pc	3

【理论基础】

VLAN 命令详解

创建 vlan

vlan <vlan-id>

命令模式：全局配置模式。

缺省情况：交换机缺省只有 VLAN1。

使用指南：VLAN1 为交换机的缺省 VLAN，用户不能配置和删除 VLAN1。允许配置 VLAN 的总共数量为 4094 个。

举例：创建 VLAN100，并且进入 VLAN100 的配置模式。

test(Config)#vlan 100

test(Config-Vlan100)#

删除 vlan100

test(Config)# no vlan 100

命名 vlan

name <vlan-name>

命令模式：VLAN 配置模式。

缺省情况：VLAN 缺省 VLAN 名称为 vlanXXX，其中 XXX 为 VID。

使用指南：交换机提供为不同的 VLAN 指定名称的功能，有助于用户记忆 VLAN，方便管理。

举例：为 VLAN100 指定名称为 TestVlan。

test(Config-Vlan100)#name TestVlan

将某个端口加入指定 vlan

命令：switchport access vlan <vlan-id>

no switchport access vlan

功能：将当前 Access 端口加入到指定 VLAN；本命令 no 操作为将当前端口从 VLAN 里删除。

参数：<vlan-id>为当前端口要加入的 vlan VID，取值范围为 1~4094。

命令模式：接口配置模式

缺省情况：所有端口默认属于 VLAN1。

使用指南：只有属于 Access mode 的端口才能加入到指定的 VLAN 中，并且 Access 端口同时只能加入到一个 VLAN 里去。

举例：设置 fastEthernet 0/2 端口为 Access 端口并加入 VLAN2。

test(config)# int fastEthernet 0/2

test(config-if)# switchport mode access

test(config-if)# switchport access vlan 2

举例：设置 fastEthernet 0/5-7 端口为 Access 端口并加入 VLAN100

test(config)#int range fastEthernet 0/5-7

test(config-if-range)# switchport mode access

test(config-if-range)# switchport access vlan 100

更改端口的 vlan-id

举例：将 fastEthernet 0/7 端口改为 VLAN2。

test(config)#int fa0/7

test(config-if)# switchport access vlan 2

设置端口的 vlan 模式

test(config-if)#switchport mode ?

access   Set trunking mode to ACCESS unconditionally

dynamic   Set trunking mode to dynamically negotiate access or trunk mode

trunk   Set trunking mode to TRUNK unconditionally

参数：trunk 表示端口允许通过多个 VLAN 的流量；

access 为端口只能属于一个 VLAN。

Dynamic 表示为动态协商模式

命令模式：接口配置模式。

使用指南：工作在 trunk mode 下的端口称为 Trunk 端口，Trunk 端口可以通过多个 VLAN 的流量，通过 Trunk 端口之间的互联，可以实现不同交换机上的相同 VLAN 的互通；工作在 access mode 下的端口称为 Access 端口，Access 端口可以分配给一个 VLAN，并且同时只能分配给一个 VLAN。

举例：将端口 8 设置为 trunk 模式，端口 5 设置为 access 模式。

test(config-if)#int fa0/8

test(config-if)# switchport mode trunk

test(config-if)#int fa0/5

test(config-if)# switchport mode access

设置 Trunk 端口允许通过 VLAN

命令：switchport trunk allowed vlan {all} add {<vlan-list>}

参数：<vlan-list>为允许在该 Trunk 端口上通过的 VLAN 列表；all 关键字表示允许该 Trunk 端口通过所有 VLAN 的流量。

命令模式：接口配置模式。

缺省情况：Trunk 端口缺省允许通过所有 VLAN。

使用指南：用户可以通过本命令设置哪些 VLAN 的流量通过 Trunk 端口，没有包含的 VLAN 流量则被禁止。

举例：设置 Trunk 端口允许通过所有 VLAN 的流量

test(config-if)#int fa0/8

test(config-if)# switchport mode trunk

test(config-if)#switchport trunk allowed vlan all

举例：设置 Trunk 端口允许通过 VLAN5-20 的流量。

test(config-if)#int fa0/8

test(config-if)# switchport mode trunk

test(config-if)#switchport trunk allowed vlan add 5-20

配置本征 vlan

命令：switchport trunk native vlan <vlan-id>

　　　　no switchport trunk native vlan

功能：设置 Trunk 端口的 PVID；本命令的 no 操作为恢复缺省值。

参数：<vlan-id>为 Trunk 端口的 PVID。

命令模式：接口配置模式。

缺省情况：Trunk 端口默认的 PVID 为 1。

使用指南：在 802.1Q 中定义了 PVID 这个概念。Trunk 端口的 PVID 的作用是当一个 untagged 的帧进入 Trunk 端口，端口会对这个 untagged 帧打上带有设置的 native PVID 的 tag 标记，用于 VLAN 的转发。

举例：设置某 Trunk 端口的 native vlan 为 100。

test(config-if)#int fa0/8

test(config-if)#switchport trunk native vlan 100

查看 vlan 及所属端口

命令：show vlan [brief|private-vlan] [id <vlan-id>] [name <vlan-name>] [summary]

功能：显示所有 VLAN 或者指定 VLAN 的详细状态信息。

参数：brief　简要信息；private-vlan　显示 private vlan 信息；

<vlan-id>为指定要显示状态信息的 VLAN 的 VLAN ID，取值范围 1~4094；

<vlan-name>为指定要显示状态信息的 VLAN 的 VLAN 名，长度为 1~11。

　　　Summary 显示所有已建立的 Vlan ID

举例：

test#show vlan

VLAN	Name	Status	Ports
1	default	active	Fa0/1, Fa0/3, Fa0/4, Fa0/8
			Fa0/9, Fa0/10, Fa0/11, Fa0/12
			Fa0/13, Fa0/14, Fa0/15, Fa0/16
			Fa0/17, Fa0/18, Fa0/19, Fa0/20
			Fa0/21, Fa0/22, Fa0/23, Fa0/24
			Gig1/1, Gig1/2
2	VLAN0002	active	Fa0/2, Fa0/7
100	VLAN0100	active	Fa0/5, Fa0/6
1002	fddi-default	active	
1003	token-ring-default	active	
1004	fddinet-default	active	
1005	trnet-default	active	

【实训步骤】

1. 创建 VLAN

案例拓扑

102

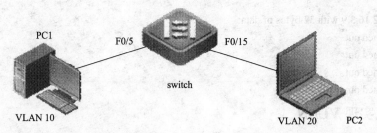

PC1   F0/5   F0/15

switch

VLAN 10   VLAN 20   PC2

步骤 1：在未划分 VLAN 前，两台 PC 互相 ping 可以通. 注：PC2 的 IP 是 172.16.3.9.

PC1： C:\Documents and Settings\Administrator>ping 172.16.3.9

Pinging 172.16.3.9 with 32 bytes of data:

Reply from 172.16.3.9: bytes=32 time<1ms TTL=64

Reply from 172.16.3.9: bytes=32 time<1ms TTL=64

Reply from 172.16.3.9: bytes=32 time<1ms TTL=64

Reply from 172.16.3.9: bytes=32 time<1ms TTL=64

Ping statistics for 172.16.3.9:

     Packets: Sent = 4, Received = 4, Lost = 0 (0% loss),

Approximate round trip times in milli-seconds:

     Minimum = 0ms, Maximum = 0ms, Average = 0ms

步骤 2：创建 VLAN，将端口分配到 VLAN。

```
switch#conf t
switch(config)#vlan 10                        //创建 vlan10
switch(config)#interface fastEthernet 0/5
switch(config-if)#switchport mode access             //确定端口模式为 access
switch(config-if)#switchport access vlan 10          //将 f0/5 端口加入 vlan10 中
switch(config-if)#exit
switch(config)#vlan 20                        //创建 vlan20
switch(config)#interface fastEthernet 0/15
switch(config-if)#switchport mode access             //确定端口模式为 access
switch(config-if)#switchport access vlan 20          //将 f0/5 端口加入 vlan20 中
switch(config-if)#exit
switch(config)#end
switch#show vlan
```

VLAN	Name	Status	Ports
1	default	active	Fa0/11,Fa0/12,Fa0/13
			Fa0/14,Fa0/15,Fa0/16
			Fa0/17,Fa0/18,Fa0/19
			Fa0/20,Fa0/21,Fa0/22
			Fa0/23,Fa0/24
10	VLAN0010	active	Fa0/1 ,Fa0/2 ,Fa0/3
			Fa0/4 ,Fa0/5
20	VLAN0020	active	Fa0/6 ,Fa0/7 ,Fa0/8
			Fa0/9 ,Fa0/10

步骤 3：测试两台 PC 互相 ping 不通。

PC1: C:\Documents and Settings\Administrator>ping 172.16.3.9

Pinging 172.16.3.9 with 32 bytes of data:

Request timed out.

Request timed out.

Request timed out.

Request timed out.

2. 跨交换机实现 VLAN

案例拓扑

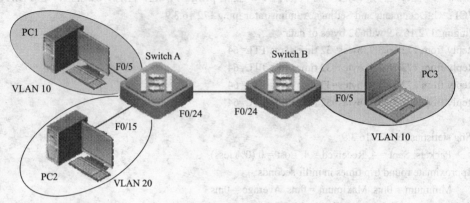

步骤 1：在交换机 switch A 上创建 VLAN 10，并将 f 0/5 口端口划分到 VLAN 10 中。

SwitchA#configure terminal

SwitchA(config)#vlan 10

SwitchA(config-vlan)#exit

SwitchA(config)#interface fastEthernet 0/5

SwitchA(config-if)#switchport access vlan 10

步骤 2：在交换机 switch A 上创建 VLAN 20，并将 f 0/15 端口划分到 VLAN 20 中。

witchA(config)#vlan 20

SwitchA(config-vlan)#exit

SwitchA(config)#interface fastEthernet 0/15

SwitchA(config-if)#switchport access vlan 20

步骤 3：把交换机 switch A 与交换机 switch B 相连的端口定义为 Tag VLAN 模式。

switchA(config)#interface fastEthernet 0/24

switchA(config-if)#switchport mode trunk

switchB(config)#interface fastEthernet 0/24

switchB(config-if)#switchport mode trunk

步骤 4：在交换机 switch B 上创建 VLAN 10，并将 f 0/5 端口划分到 VLAN 10 中。

SwitchB#configure terminal

SwitchB(config)#vlan 10

SwitchB(config-vlan)#exit

SwitchB(config)#interface fastEthernet 0/5

SwitchB(config-if)#switchport access vlan 10

查看配置

switchA#show vlan

VLAN	Name	Status	Ports
1	default	active	Fa0/1 ,Fa0/2 ,Fa0/3 ,Fa0/4

			Fa0/6 ,Fa0/7 ,Fa0/8
			Fa0/9 ,Fa0/10,Fa0/11,Fa0/12
			Fa0/13,Fa0/14, Fa0/16
			Fa0/17,Fa0/18,Fa0/19,Fa0/20
			Fa0/21,Fa0/22,Fa0/23,Fa0/24
			Gi1/1
10	10	active	Fa0/5 ,Fa0/24
20	20	active	Fa0/15, Fa0/24

switchB#show vlan

VLAN	Name	Status	Ports
1	default	active	Fa0/1 ,Fa0/2 ,Fa0/3 ,Fa0/4
			Fa0/6 ,Fa0/7 ,Fa0/8
			Fa0/9 ,Fa0/10,Fa0/11,Fa0/12
			Fa0/13,Fa0/14, Fa0/16
			Fa0/17,Fa0/18,Fa0/19,Fa0/20
			Fa0/21,Fa0/22,Fa0/23,Fa0/24
			Gi1/1
10	10	active	Fa0/5 ,Fa0/24

步骤 5：验证 PC1 与 PC3 能相互通信，但 PC2 和 PC3 不能互相通信。

注：PC1 的 IP 是 172.16.8.6；PC2 的 IP 是 172.16.8.9。

C:\Documents and Settings\Administrator>ping 172.16.8.6

pinging 172.16.8.6 with 32 bytes of data:

Reply from 172.16.8.6: bytes=32 time<1ms TTL=64
Reply from 172.16.8.6: bytes=32 time<1ms TTL=64
Reply from 172.16.8.6: bytes=32 time<1ms TTL=64
Reply from 172.16.8.6: bytes=32 time<1ms TTL=64

ping statistics for 172.16.8.6:
    Packets: Sent = 4, Received = 4, Lost = 0 (0% loss),
Approximate round trip times in milli-seconds:
    Minimum = 0ms, Maximum = 0ms, Average = 0ms

C:\Documents and Settings\Administrator>ping 172.16.8.9

Pinging 172.16.8.9 with 32 bytes of data:

Request timed out.
Request timed out.
Request timed out.
Request timed out.

ping statistics for 172.16.8.9:
    Packets: Sent = 4, Received = 0, Lost = 4 (100% loss),

【实训总结】

在配置过程中，需要注意以下几点：

① VLAN 1 属于系统的默认 VLAN，不可以被删除；

② 删除某个 VLAN 时，应先将属于该 VLAN 的端口加入到别的 VLAN，再删除之；

③ 两台交换机之间的端口应该设置为 tag vlan 的传输；

④ Trunk 接口在默认情况下支持所有 VLAN 的传输。

【思考题】

1. Trunk、access、tagged、untagged 这几个专业术语的关联与区别是什么？

2. Port Vlan 的配置方法是什么？

3. 跨交换机之间 VLAN 的特点与配置方法分别是什么？

实训项目十

路由器端口及静态路由的配置

【实训目的】

① 掌握路由器基本配置命令；
② 掌握路由器基本配置参数的设置；
③ 掌握静态路由的配置。

【实训内容】

① 练习路由器的基本配置命令；
② 配置路由器接口参数；
③ 配置路由器的静态路由。

【实训环境】

1. 实训设备

两台 PC 机，一台路由器，一条 V.35DCE/DTE 电缆，两条 console 配置线，两条交叉线。

2. 实训环境（见图 10-1）

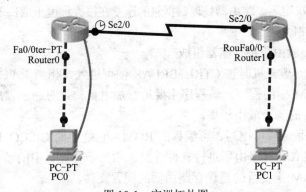

图 10-1　实训拓扑图

说明：PC0 通过网线连接 Router0 的 f0/0 接口，通过 Console 线连接 Router0 的 Console 口；PC 1 通过网线连接 Router1 的 f0/0 接口，通过 Console 线连接 Router1 的 Console 口；Router0 和 Router1 的 s2/0 接口通过串口线连接，Router0 为 DCE 端。

地址配置如下。

路由器 Router0 的 ip 地址：s2/0:10.10.10.1/24,f0/0:192.168.1.254/24;

路由器 Router1 的 ip 地址：s2/0:10.10.10.2/24,f0/0:192.168.2.254/24;

主机 PC0 的 ip 地址：192.168.1.1/24,网关：192.168.1.254;

主机 PC1 的 ip 地址：192.168.2.1/24,网关：192.168.2.254。

路由器串口之间链路协议为 ppp，通过配置设备接口参数及路由信息，使得 PC0 和 PC1 之间能够正常通信。

【理论基础】

1. 路由器的工作原理

路由器是工作在 OSI 模型的第三层［即网路层，例如 Internet Protocol(IP)层］网络设备，用于不同网络之间的互联。

路由器的主要工作就是为经过路由器的每个数据包寻找一条最佳传输路径，并将该数据有效地传送到目的站点。由此可见，选择最佳路径的策略即路由算法是路由器的关键所在。为了完成这项工作，在路由器中保存着各种传输路径的相关数据——路由表（Routing Table），供路由选择时使用。路由表中保存着目的网络地址、路由度量值和下一跳地址等内容。路由器首先检查收到的数据包携带的目的 ip 地址的网络部分，然后和路由表中的路由条目进行匹配。如果匹配到合适的路由条目，就按该条目中的下一跳转发数据包，如果没有匹配到合适的路由条目，则丢弃数据包。

路由表中的每条路由信息，可以由管理员手工添加，称为静态路由；也可以通过路由协议在路由器之间自动学习获得，称为动态路由。本实训中将添加静态路由。

2. 路由器的硬件组成

（1）中央处理器

和计算机一样，CISCO 路由器也包含一个中央处理器。不同系列和型号的路由器，其中的 CPU 也不相同。CISCO 路由器一般采用 MOTOROLA68030 和 ORION/R4600 两种处理器。

路由器的 CPU 负责路由器的配置管理以及数据包的转发处理工作，如维护路由和桥接所需的各种表格以及路由决定等。路由器处理数据包的速度在很大程度上取决于 CPU 的处理速度。

（2）CISCO 存储器

CISCO 路由器一般由四种存储器组成。

第一种是 ROM：一般开机时按 CTRL+BREAK 便可进入，相当于 PC 的 BIOS，路由器运行时首先要运行 ROM 中的程序，该程序主要进行加电自检，对路由器的硬件进行检测，其次含引导程序及 IOS 的一个最小子集。

第二种是 Flash：是一种可擦写、可编程的 ROM，它是存储 CISCO IOS 软件的地方，可以通过写入新版本的 IOS 对路由器进行软件升级，相当于计算机中的硬盘。

第三种是 NVRAM：主要目的是保存路由器的配置文件。

第四种是 DRAM：动态内存，是程序运行的场地，相当于计算机的 RAM。DRAM 中主要包含路由表、ARP 缓存、数据包缓存等，以及正在执行的路由器配置文件。当路由器关机时，里面的内容会全部丢失。

通常，路由器启动时，首先运行 ROM 中的程序，进行系统自检和引导，然后运行 Flash 中的 IOS，并在 NVRAM 中寻找路由器的配置文件，将其装入 DRAM 启动。

【实训步骤】

1. 设置路由器的名字、接口地址及带宽

一台新的路由器，首先需要计算机通过连接其 console 口进行配置。路由器的接口状态

缺省是 down，需要手工开启状态。下面配置两台路由器的名字和地址。

（1）路由器 router0 的配置

```
Router>
Router>enable
Router#config terminal
Enter configuration commands, one per line.    End with CNTL/Z.
Router(config)#hostname router0                    ! 配置路由器的名字
router0(config)#
router0(config)#interface f 0/0
router0(config-if)#ip address 192.168.1.254 255.255.255.0
                                            ! 配置接口 f0/0 的地址
router0(config-if)#bandwidth 10000
router0(config-if)#duplex full             ! 配置接口为全双工模式
router0(config-if)#no shut                         ! 开启接口
%LINK-5-CHANGED: Interface FastEthernet0/0, changed state to up
%LINEPROTO-5-UPDOWN: Line protocol on Interface FastEthernet0/0, changed state to up
router0(config-if)#exit                    ! 退回全局模式
router0(config)#interface s2/0             ! 进入串口 s2/0
router0(config-if)#ip address 10.10.10.1 255.255.255.0
router0(config-if)#no shut

%LINK-5-CHANGED: Interface Serial2/0, changed state to down
!串口需要两端接口配置一致，时钟设置正确，状态才会 up
router0#show interfaces f0/0              ! 查看 f0/0 的状态
FastEthernet0/0 is up, line protocol is up (connected)
Hardware is Lance, address is 0060.5ce2.82bb (bia 0060.5ce2.82bb)
Internet address is 192.168.1.254/24        f0/0 接口的地址
MTU 1500 bytes, BW 10000 Kbit, DLY 100 usec,   !设置的带宽 10M
```

（2）路由器 router1 的配置

```
Router>enable
Router#config ter
Router#config terminal
Enter configuration commands, one per line.    End with CNTL/Z.
Router(config)#hostname router1
router1(config)#interface f0/0
router1(config-if)#ip address 192.168.2.254 255.255.255.0
router1(config-if)#bandwidth 10000
                                    ! 设置端口速率为 10Mb/s
router1(config-if)#duplex full
router1(config-if)#no shut

%LINK-5-CHANGED: Interface FastEthernet0/0, changed state to up
router1(config-if)#
%LINEPROTO-5-UPDOWN: Line protocol on Interface FastEthernet0/0, changed state to up
router1(config-if)#exit
```

```
router1(config)#interface s2/0
router1(config-if)#ip address 10.10.10.2 255.255.255.0
router1(config-if)#no shut

%LINK-5-CHANGED: Interface Serial2/0, changed state to up
                                    ！串口的状态也为 up
```

2. 设置路由器时钟、接口封装 ppp 协议并启动接口

在串行链路上需要设置时钟使得设备状态同步，设置时钟的一端称为 DCE 端。接头标有 FC 的串口线其连接的设备就是 DCE 端，在这里 DCE 是 Router0。下面我们配置路由器的时钟和接口协议。

（1）路由器 Router0 的配置

```
router0(config)#interface s 2/0
router0(config-if)#clock rate 64000
router0(config-if)#encapsulation ppp
router0(config-if)#end
router0#
```

（2）路由器 Router1 的配置

```
router1(config)#interface s2/0
router1(config-if)#encapsulation ppp
router1(config-if)#
%LINEPROTO-5-UPDOWN: Line protocol on Interface Serial2/0, changed state to up
router1#show interfaces s2/0                 ！查看接口状态
Serial2/0 is up, line protocol is up (connected)！两端配置协议相同，链路状态为 up
    Hardware is HD64570
    Internet address is 10.10.10.2/24
    MTU 1500 bytes, BW 128 Kbit, DLY 20000 usec,
        reliability 255/255, txload 1/255, rxload 1/255
    Encapsulation PPP, loopback not set, keepalive set (10 sec)
```

3. 配置路由器路由信息

在没有配置路由信息之前，我们看到，路由器只能识别自己直连的路由，下面是路由器 Router0 的路由表。

（1）查看 Router0 的路由表

```
router0#show ip route
Codes: C - connected, S - static, I - IGRP, R - RIP, M - mobile, B - BGP
       D - EIGRP, EX - EIGRP external, O - OSPF, IA - OSPF inter area
       N1 - OSPF NSSA external type 1, N2 - OSPF NSSA external type 2
       E1 - OSPF external type 1, E2 - OSPF external type 2, E - EGP
       i - IS-IS, L1 - IS-IS level-1, L2 - IS-IS level-2, ia - IS-IS inter area
       * - candidate default, U - per-user static route, o - ODR
       P - periodic downloaded static route

Gateway of last resort is not set
```

```
        10.0.0.0/24 is subnetted, 1 subnets
C          10.10.10.0 is directly connected, Serial2/0
C       192.168.1.0/24 is directly connected, FastEthernet0/0
```

此时，PC0 是不能和 PC1 通信的，因为路由器 Router0 的路由表中没有 192.168.2.0 的路由信息，所以，当 Router0 收到目的地址为 192.168.2.0 的数据包时，处理动作时丢弃。同样，Router1 的路由表中也没有 192.168.1.0 的路由信息，当 Router1 收到目的地址为 192.168.1.0 的数据包时也丢弃。所以，需要在两台路由器上添加各自没有直连的网络的路由信息。

（2）配置 Router0 和 Router1 的静态路由

```
router0(config)#ip route 192.168.2.0 255.255.255.0 10.10.10.2
！配置 router0 上的静态路由
router1(config)#ip route 192.168.1.0 255.255.255.0 10.10.10.1
！配置 router1 上的静态路由
```

（3）查看配置结果

Router0 的路由表：

```
router0#show ip route
Codes: C - connected, S - static, I - IGRP, R - RIP, M - mobile, B - BGP
       D - EIGRP, EX - EIGRP external, O - OSPF, IA - OSPF inter area
       N1 - OSPF NSSA external type 1, N2 - OSPF NSSA external type 2
       E1 - OSPF external type 1, E2 - OSPF external type 2, E - EGP
       i - IS-IS, L1 - IS-IS level-1, L2 - IS-IS level-2, ia - IS-IS inter area
       * - candidate default, U - per-user static route, o - ODR
       P - periodic downloaded static route

Gateway of last resort is not set

        10.0.0.0/24 is subnetted, 1 subnets
C          10.10.10.0 is directly connected, Serial2/0      ！直连路由
C       192.168.1.0/24 is directly connected, FastEthernet0/0
S       192.168.2.0/24 [1/0] via 10.10.10.2
```

Router1 的路由表：

```
router1#show ip route
Codes: C - connected, S - static, I - IGRP, R - RIP, M - mobile, B - BGP
       D - EIGRP, EX - EIGRP external, O - OSPF, IA - OSPF inter area
       N1 - OSPF NSSA external type 1, N2 - OSPF NSSA external type 2
       E1 - OSPF external type 1, E2 - OSPF external type 2, E - EGP
       i - IS-IS, L1 - IS-IS level-1, L2 - IS-IS level-2, ia - IS-IS inter area
       * - candidate default, U - per-user static route, o - ODR
       P - periodic downloaded static route

Gateway of last resort is not set

        10.0.0.0/24 is subnetted, 1 subnets
C          10.10.10.0 is directly connected, Serial2/0
S       192.168.1.0/24 [1/0] via 10.10.10.1          ！静态路由
C       192.168.2.0/24 is directly connected, FastEthernet0/0
```

（4）测试路由器间的连通性

在 router0 上测试结果如下：

router0#ping 10.10.10.2

Type escape sequence to abort.
Sending 5, 100-byte ICMP Echos to 10.10.10.2, timeout is 2 seconds:
!!!!!   ! 和 router1 的串口通
Success rate is 100 percent (5/5), round-trip min/avg/max = 31/44/94 ms

router0#ping 192.168.2.254

Type escape sequence to abort.
Sending 5, 100-byte ICMP Echos to 192.168.2.254, timeout is 2 seconds:
!!!!!   ! 和 router1 的以太网口也通
Success rate is 100 percent (5/5), round-trip min/avg/max = 31/31/32 ms

在 router1 上测试结果如下：

router1#ping 10.10.10.1   ! 测试串口

Type escape sequence to abort.
Sending 5, 100-byte ICMP Echos to 10.10.10.1, timeout is 2 seconds:
!!!!!
Success rate is 100 percent (5/5), round-trip min/avg/max = 31/31/32 ms

router1#ping 192.168.1.254   ! 测试以太网口

Type escape sequence to abort.
Sending 5, 100-byte ICMP Echos to 192.168.1.254, timeout is 2 seconds:
!!!!!
Success rate is 100 percent (5/5), round-trip min/avg/max = 31/31/32 ms

4. 设置主机属性并测试连通性

① 设置 PC0 的地址参数及网卡工作模式、带宽，如图 10-2 所示。

PC0 的网关设置为 192.168.1.254。

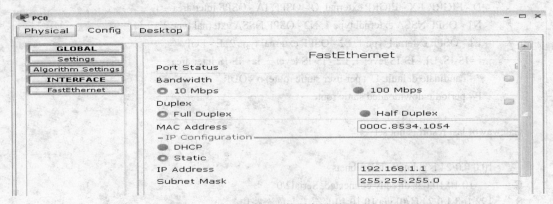

图 10-2　PC0 的网卡设置

② 设置 PC1 的地址参数为：ip：192.168.2.1，netmask：255.255.255.0，gateway：192.168.2.254，网卡的工作模式和速率设置与 PC0 一样。

③ PC0 通过 ping 命令测试与 PC1 的连通性，结果如图 10-3 所示。

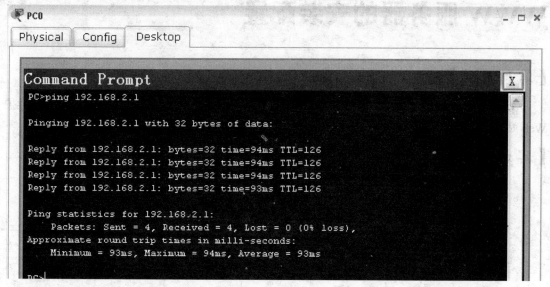

图 10-3　PC0 ping PC1

由上图测试结果可以看出，PC0 和 PC1 能够连通。在测试过程中，如果两台主机直接测试不同，可以在一台主机上从最近节点一站一站向目的主机测试，比如 PC0 先测试和自己的网关的连通性，再测试和 Router0 的 s2/0 接口的连通性，依次是 Router1 的 s2/0 接口，Router1 的 f0/0 接口，最后是 PC1 主机，如果在某点 ping 不通，就去检查该点的配置信息。

【实训总结】

本实训主要学习如何通过 console 口管理路由器，配置路由器的接口地址、协议、时钟及添加静态路由。

【思考题】

1. 如何配置和使用 telnet 方式管理路由器？
2. 如何保存路由器的配置信息？
3. 如何恢复路由器的缺省状态？
4. 规划路由器接口地址时，应该注意什么事项？
5. 路由器的路由表信息还可以通过什么方式获取？与静态路由相比有哪些优缺点？

实训项目十一

WWW 服务器的安装配置

【实训目的】

主要学习 Windows Server 2008 中的 IIS 7.0 和 WWW 服务器的配置方法以及配置、维护 Web 站点的方法。

【实训内容】

【实训环境】

在本书中，www 服务器需要在安装有 Windows Server 2008 操作系统的服务器上安装与配置。

【理论基础】

1. IIS 简介

IIS 是 Internet 信息服务（Internet Information Service）的简称。它是 Microsoft 主推的 Web 服务器。在 Windows Server 2008 中使用的 Web 服务器是 IIS7.0。

IIS 7.0（Internet Information Service，Internet 信息服务）是 Windows Server 2008 中的一个重要的服务组件，它提供了 Web、FTP、SMTP 等主要服务。提供了可用于 Intranet、Internet 或 Extranet 上的集成 Web 服务器能力，这种服务器具有可靠性、可伸缩性、安全性以及可管理性的特点。IIS 7.0 充分利用了最新的 Web 标准（如 ASP.NET、可扩展标记语言 XML 和简单对象访问协议 SOAP）来开发、实施和管理 Web 应用程序。

IIS7.0 是一个完全模块化的 Web 服务器，用户可以通过添加和删除模块来自定义服务器。

2. IIS 7.0 的新特性

（1）完全模块化的 IIS

IIS7.0 从核心层讲被分割成了 40 多个不同功能的模块，例如验证、缓存、静态页面处理和目录列表等功能全部被模块化。这意味着 Web 服务器可以按照你的运行需要来安装相应的功能模块。可能存在安全隐患和不需要的模块将不会再加载到内存中去，程序的受攻击面减小了，同时性能方面也得到了增强。为简化分类，所有模块分成了八个子类别。IIS 7.0 的体系结构如图 11-1 所示。

（2）通过文本文件配置

IIS7 另一大特性就是管理工具使用了新的分布式 web.config 配置系统。IIS7 不再拥有单一的 metabase 配置储存，而将使用和 ASP.NET 支持的同样的 web.config 文件模型，这样就

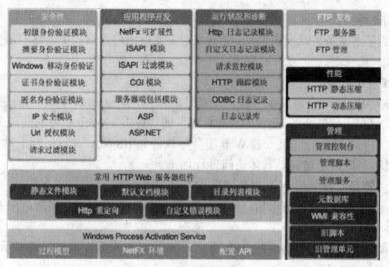

图 11-1　IIS7.0 的体系结构

允许用户把配置和 web 应用的内容一起存储和部署，无论有多少站点，用户都可以通过 web.config 文件直接配置，这样当公司需要挂接大量的网站时，可能只需要很短的时间，因为管理员只需要做之前拷贝好的任意一个站点的 web.config 文件，然后把设置和 web 应用一起传送到远程服务器上就完成了，没必要再写管理脚本来定制配置了。

（3）图形模式管理工具

微软公司的产品向来以用户界面友好引以为豪，但是从 IIS 4.0 到 IIS 6.0，提供给用户的管理控制台操作起来并不十分方便，而且由于技术等原因的限制，用户很难通过统一的界面来实现全部的管理工作。在 IIS 7.0 中，用户可以用管理工具在 Windows 客户端上创建和管理任意数目的网站，而不再局限于单个网站。和以前版本的 IIS 相比，IIS 7.0 的管理界面也更加的友好和强大，再加上 IIS 7.0 的管理工具是可以被扩展的，意味着用户可以添加自己的模块到管理工具里，为自己的 Web 网站运行时模块和配置设置提供管理支持。

（4）安全方面的增强

以前版本的 IIS 安全问题主要集中在有关.NET 程序的有效管理以及权限管理方面，而 IIS 7.0 正是针对 IIS 服务器遇到的安全问题而做了相应的改进。在 IIS 7.0 中，ASP.NET 管理设置集成到单个管理工具中，用户可以在一个窗口中查看和设置认证和授权规则，而不需要以前那样要通过多个不同的对话框来进行操作。这给管理人员提供了一个更加集中和清晰的用户界面，以及 Web 平台上统一的管理方式。在 IIS 7.0 中，.NET 应用程序直接通过 IIS 代码运行而不再发送到 Internet Server API 扩展上，这样就减少了可能存在的风险，并且提升了性能，同时管理工具内置对 ASP.NET 3.0 的成员和角色管理系统提供管理界面的支持，这意味着用户可以在管理工具中创建和管理角色和用户以及给用户指定角色。

（5）集成 ASP.NET

IIS 7.0 中的重大的变动不仅是 ASP.NET 本身从以 ISAPI 的实现形式变成直接接入 IIS 7.0 管道的模块，还能够通过一个模块化的请求管道架构来实现丰富的扩展性。用户可以通过与 Web 服务器注册一个 HTTP 扩展性模块，在任一个 HTTP 请求周期的任何地方编写代码。这些扩展性模块可以使用 C++代码或者.NET 托管代码来编写。而且认证、授权、目录清单支持、经典 ASP、记录日志等功能，都可以使用这个公开模块化的管道 API 来实现。

3. IIS7.0 的服务

IIS 提供的基本服务包括发布消息、传输文件、支持用户通信和更新这些服务所依赖的数据存储。

（1）Web 发布服务

Web 服务是 IIS 的一个重要组件之一，也是 Internet 和 Intranet 中最流行的技术，它的英文全称是"World Wide Web"，简称为"WWW"或"Web"。Web 服务的实现采用客户机/服务器模型，作为服务器的计算机安装 Web 服务器软件如 IIS 6.0，并且保存了供用户访问的网页信息，随时等待用户的访问。具体访问过程如下。

① Web 浏览器向特定的 Web 服务器发送 Web 页面请求；

② Web 服务器接收到该请求后，便查找所请求的 Web 页面，并将所请求 Web 页面发给 Web 浏览器；

③ Web 浏览器接收到所请求的 Web 页面，并将 Web 页面在浏览器中显示出来。

（2）文件传输协议服务

IIS 7.0 也可以作为 FTP 服务器，提供对文件传输服务的支持。该服务使用 TCP 协议确保文件传输的完成和数据传输的准确。该版本的 FTP 支持在站点级别上隔离用户以帮助管理员保护其 Internet 站点的安全并使之商业化。

（3）简单邮件传输协议

IIS 包含了 SMTP（Simple Mail Translate Protocal，简单邮件传输协议）组件，能够通过使用 SMTP 发送和接收电子邮件。但是它不支持完整的电子邮件服务，只提供了基本的功能。要使用完整的电子邮件服务，可以使用 Microsoft Exchange Server 2008 等专业的邮件系统。

（4）网络新闻传输协议服务

可以利用 IIS 自带的 NNTP（Network News Transport Protocol，网络新闻传输协议）服务建立讨论组。用户可以使用任何新闻阅读客户端，如 Outlook Express，并加入新闻组进行讨论。

（5）IIS 管理服务

IIS 管理服务管理 IIS 配置数据库，并为 WWW、FTP、SMTP 和 NNTP 等服务提供支持。配置数据库是保存 IIS 配置数据的数据存储。IIS 管理服务对其他应用程序公开配置数据库，这些应用程序包括 IIS 核心组件、在 IIS 上建立的应用程序以及独立于 IIS 的第三方应用程序。IIS 不但能通过自身组件所提供的功能并为用户提供服务，还能通过 Web 服务扩展其他服务器的功能。

Web 服务器就是用来搭建基于 HTTP 的 WWW 网页的计算机，通常这些计算机都采用 Windows Server 版本或者 Unix/Linux 系统，以确保服务器具有良好的运行效率和稳定的运行状态。

如今互联网的 Web 平台种类繁多，各种软硬件组合的 Web 系统更是数不胜数，下面就来介绍 Windows 平台下的常用的两种 WEB 服务器。

（1）IIS

微软公司的 Web 服务器产品是 IIS，它是目前最流行的 Web 服务器产品之一，很多网站都是建立在 IIS 的平台上。IIS 提供了一个图形界面的管理工具，称为 Internet 服务管理器，可用于监视配置和控制 Internet 服务。在 IIS 中包括了 Web 服务器、FTP 服务器、NNTP 服务器和 SMTP 服务器等，分别用于网页浏览、文件传输、新闻服务和邮件发送等方面，它使得在 Internet 或者局域网中发布信息成了一件很容易的事。

（2）Apache

Apache 源于 NCSAhttpd 服务器，经过多次修改，成为世界上最流行的 Web 服务器软件之一。Apache 是自由软件，所以不断有人来为它开发新的功能、新的特性、修改原来的缺陷。Apache 的特点是简单、速度快、性能稳定，并可做代理服务器来使用。本来它只用于小型或试验 Internet 网络，后来逐步扩充到各种 Unix 系统中，尤其对 Linux 的支持相当完美。

Apache 是以进程为基础的结构，进程要比线程消耗更多的系统开支，不太适合于多处理器环境，因此，在一个 Apache Web 站点扩容时，通常是增加服务器或扩充群集节点而不是增加处理器。到目前为止 Apache 仍然是世界上用得最多的 Web 服务器，世界上很多著名的网站都是 Apache 的产物，它的成功之处主要在于它的源代码开放、有一支开放的开发队伍、支持跨平台的应用以及它的可移植性等方面。

除了以上两种大家比较熟悉的 Web 服务器外，还有 IBM WebSphere、BEA WebLogic、IPlanet Application Server、Oracle IAS、Tomcat 等 Web 服务器产品。

下面以安装 IIS 服务器为例说明安装配置过程。

安装 IIS 7.0 必须具备条件管理员权限，使用 Administrator 管理员权限登录，这是 Windows Server 2008 新的安全功能，具体的操作步骤如下。

① 在服务器中选择"开始"→"服务器管理器"命令打开服务器管理器窗口，如图 11-2，选择左侧"角色"一项之后，单击右侧的"添加角色"链接，启动"添加角色向导"对话框，如图 11-3。

图 11-2　选择"服务器管理器"　　　　　　　　图 11-3　"添加角色"

② 单击"下一步"按钮，进入"选择服务器角色"对话框，勾选"Web 服务器（IIS）"复选框，由于 IIS 依赖 Windows 进程激活服务（WAS），因此会出现"进程激活服务功能"的对话框，如图 11-4 所示，单击"添加必需的功能"按钮，然后在"选择服务器角色"对话框中单击"下一步"按钮继续操作。

③ 在如图 11-5"Web 服务器（IIS）"对话框中，对 Web 服务器（IIS）进行了简要介绍，在此单击"下一步"按钮继续操作。

④ 进入"选择角色服务"对话框，如图 11-6 所示，单击每一个服务选项右边，会显示该服务相关的详细说明，一般采用默认的选择即可，如果图 11-6 有特殊要求，则可以根据实际情况进行选择。

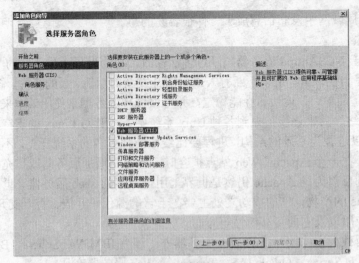

图 11-4 "选择服务器角色"

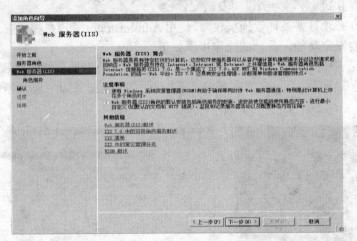

图 11-5 Web 服务器简介

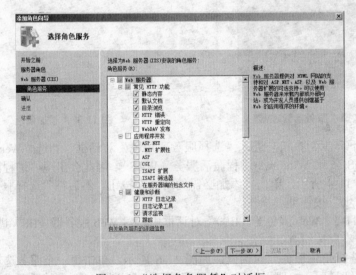

图 11-6 "选择角色服务"对话框

⑤ 单击"下一步"按钮，进入"确认安装选择"对话框，如图 11-7 所示，显示了 Web 服务器安装的详细信息，确认安装这些信息可以单击下部"安装"按钮。

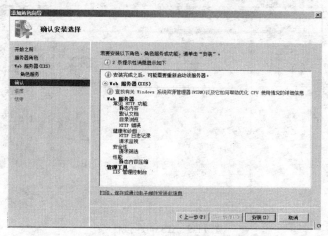

图 11-7 "确认安装选择"对话框

⑥ 安装 Web 服务器之后，在如图 11-8 所示的对话框中可以查看到 Web 服务器安装完成的提示，此时单击"关闭"按钮退出添加角色向导。

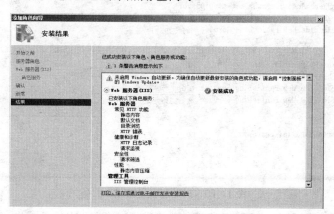

图 11-8 安装完成

⑦ 完成上述操作之后，依次选择"开始"→"管理工具"→"Internet 信息服务管理器"命令打开 Internet 信息服务管理器窗口，可以发现 IIS7.0 的界面和以前版本有了很大的区别，在起始页中显示的是 IIS 服务的连接任务，如图 11-9 所示。

⑧ 在命令行提示符界面，输入"net stop w3svc"和"net start w3svc"可以停止和启动 WEB 服务，如图 11-10 所示。

4. IIS7.0 的测试

安装 IIS 7.0 后还要测试是否安装正常，有下面四种常用的测试方法，若链接成功，则会出现如图 11-11 所示的网页。

① 利用本地回送地址：在本地浏览器中输入"http://127.0.0.1"或"http://localhost"来测试链接网站。

② 利用本地计算机名称：假设该服务器的计算机名称为"WIN2008"，在本地浏览器中输入"http://win2008"来测试链接网站。

图 11-9　IIS 的连接任务

图 11-10　启动和关闭 WEB 服务

图 11-11　IIS 安装测试成功界面

120

③ 利用 IP 地址：作为 Web 服务器的 IP 地址最好是静态的，假设该服务器的 IP 地址为 192.168.1.28，则可以通过"http://192.168.1.28"来测试链接网站。如果该 IP 是局域网内的，则位于局域网内的所有计算机都可以通过这种方法来访问这台 Web 服务器；如果是公网上的 IP，则 Internet 上的所有用户都可以访问。

④ 利用 DNS 域名：如果这台计算机上安装了 DNS 服务，网址为 www.nos.com，并将 DNS 域名与 IP 地址注册到 DNS 服务内，可通过 DNS 网址"http:// www.nos.com"来测试链接网站。

5. 使用 Web 站点发布网站

任何一个网站都需要有主目录作为默认目录，当客户端请求链接时，就会将主目录中的网页等内容显示给用户。主目录是指保存 Web 网站的文件夹，当用户访问该网站时，Web 服务器会自动将该文件夹中的默认网页显示给客户端用户。

默认的网站主目录是%SystemDrive\Inetpub\wwwroot，可以使用 IIS 管理器或通过直接编辑 MetaBase.xml 文件来更改网站的主目录。当用户访问默认网站时，Web 服务器会自动将其主目录中的默认网页传送给用户的浏览器。但在实际应用中通常不采用该默认文件夹，因为将数据文件和操作系统放在同一磁盘分区中，会失去安全保障和系统安装、恢复不太方便等问题，并且当保存大量音视频文件时，可能造成磁盘或分区的空间不足。所以最好将作为数据文件的 Web 主目录保存在其他硬盘或非系统分区中。

【实训步骤】

在安装了 IIS 7.0 服务器后，系统会自动创建一个默认的 Web 站点，该站点使用默认设置，但内容为空。打开"开始│管理工具│Internet 信息服务（IIS）管理器"，可以看到默认网站，如图 11-12 所示。

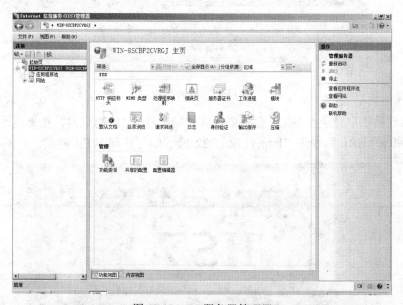

图 11-12　IIS 服务器管理器

1. 创建 WEB 站点

① 首先停止默认网站，右键单击网站"Default Web Site"，在弹出的菜单中选择"管理网

站|停止"，即可停止正在运行的默认网站。

②在 C 盘目录下创建文件夹"C:\web"作为网站的主目录，并在其文件夹内存放网页"index.htm"作为网站的首页如图 11-13 所示。

图 11-13　默认网站首页

③在"Internet 信息服务(IIS)管理器"控制台树中，展开服务器节点，右键单击"网站"，在弹出的菜单中选择"添加网站"，在该对话框中可以指定网站名称、应用程序池、端口号、主机名。在此设置网站名称为 WEB，物理路径为 C:\web，类型为 http,IP 地址为"172.16.22.2"端口，默认为 80，如图 11-14 所示，单击"确定"按钮，完成网站的创建。

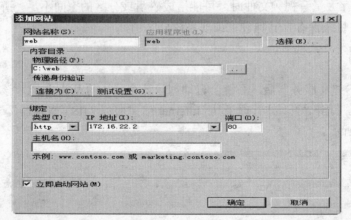

图 11-14　添加网站

④以管理员账户登录到 WEB 服务器或客户端，打开 IE 浏览器，在"地址"文本框中输入 WEB 网站的 URL 路径为"http://172.16.22.2"，即可访问 WEB 网站，如图 11-15 所示。

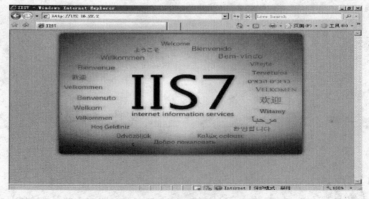

图 11-15　访问 WEB 服务器

122

2. 创建虚拟目录

一般说来，Internet 站点的内容都应当维持在一个单独的目录结构内，以免引起访问请求混乱的问题。特殊情况下，网络管理人员可能因为某种需要而使用除实际站点目录(即主目录)以外的其他目录，或者使用其他计算机上的目录，来让 Internet 用户作为站点访问。这时，就可以使用虚拟目录，即将想使用的目录设为虚拟目录，而让用户访问。

处理虚拟目录时，IIS 把它作为主目录的一个子目录来对待；而对于 Internet 上的用户来说，访问时并感觉不到虚拟目录与站点中其他任何目录之间有什么区别，可以像访问其他目录一样来访问这一虚拟目录。设置虚拟目录时必须指定它的位置，虚拟目录可以存在于本地服务器上，也可以存在于远程服务器上。多数情况下虚拟目录都存在于远程服务器上，此时，用户访问这一虚拟目录时，IIS 服务器将充当一个代理的角色，它将通过与远程计算机联系并检索用户所请求的文件来实现信息服务支持。

① 打开"Internet 信息服务（IIS）管理器"管理控制台，右键单击想要创建虚拟目录的网站，在弹出的快捷菜单中选择"添加虚拟目录"，如图 11-16 所示。

② 单击"下一步"按钮，显示"虚拟目录别名"对话框，在"别名"文本框中输入虚拟目录的名称，如 store，如图 11-16。

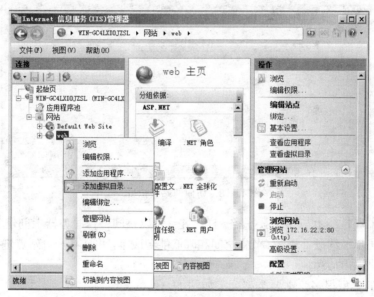

图 11-16　添加虚拟目录

③ 单击"下一步"按钮，显示"网站内容目录"对话框，在"路径"文本框中输入该虚拟目录欲引用的文件夹，如 C:\Store。也可以单击"浏览"按钮查找，如图 11-17 所示。

④ 单击"下一步"按钮，显示"虚拟目录访问权限"对话框。通常选择默认的"读取"和"运行脚本"复选框。

⑤ 以管理员账户登录到 WEB 客户端计算机上，在 IE 浏览器的"地址"文本框中输入虚拟目录路径为 http://172.16.22.2/store 可访问 WEB 网站的虚拟目录，如图 11-18 所示。

3. 在一台宿主机上创建多个网站

在一台宿主机上创建多个网站也即虚拟网站（服务器），可以理解为使用一台服务器充当若干台服务器来使用，并且每个虚拟服务器都可拥有自己的域名、IP 地址或端口号。

123

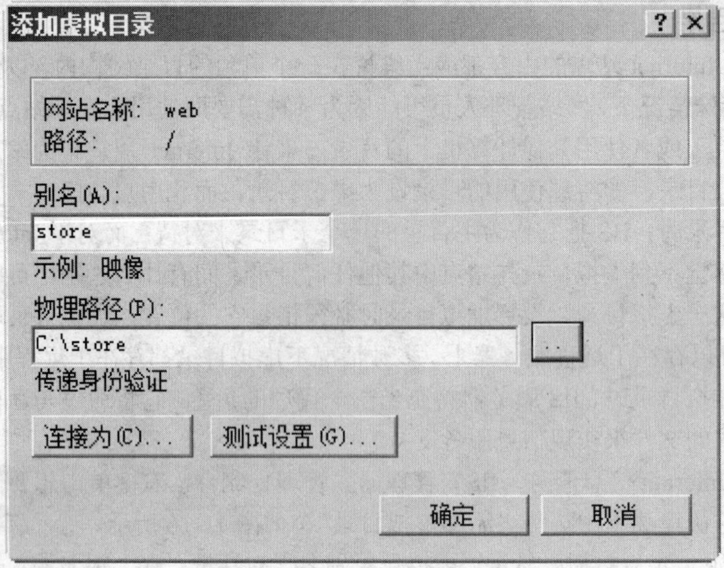

图 11-17 网站虚拟目录别名

图 11-18 访问网站虚拟目录

虚拟服务器在性能上与独立服务器一样,并且可以在同一台服务器上创建多个虚拟网站。所以虚拟网站可以节约硬件资源、节省空间和降低能源成本,并且易于对站点进行管理和配置。

(1) 虚拟网站的类型

虚拟网站的类型很多,主要类型列举如图 11-19。

(2) 创建多个网站的步骤

下面介绍使用主机头名称创建多个网站的步骤。

① 规划好需要创建的网站名称,如要在主机(IP 地址为:172.169.221.15)上创建 3 个网站:www.serverA.com,www.serverB.com,www.serverC.com。

② 在 DNS 服务器上分别创建 3 个区域 serverA.com、serverB.com 和 serverC.com,然后分别在每个区域上创建名称为 WWW 的主机记录,区域和记录的创建方法见 DNS 服务器章。

③ "Internet 信息服务(IIS)管理器"控制台中单击左侧窗格中的"网站",在弹出的快捷菜单中选择"添加网站"命令,单击"下一步"按钮,输入网站的描述信息,如使用主机头名称 a1,输入网站主目录所在物理路径为"C:\a1",在"IP 地址"和"端口"对话框中分别输入网站的 IP 地址和端口号,在"此网站的主机头"文本框中输入 www.serverA.com,如图 11-20 所示。单击"确定"按钮。

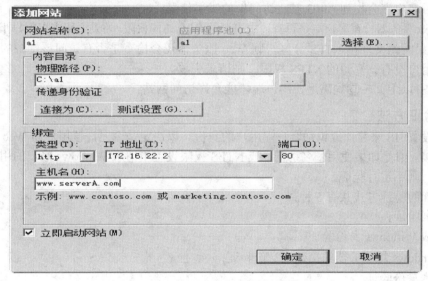

区分标识符	使用场景	优缺点	举例
非标准端口号	通常不推荐使用此方法。可用于内部网站或网站开发或测试方面。	优点：可在同一IP地址上创建大量站点；缺点：必须输入端口号才能访问站点；不能使用主机头名称；防火墙必须打开相应非标准端口号。	http://192.168.0.1:8080 http://192.168.0.1:8081 http://192.168.0.1:8082
唯一IP地址	主要用于本地服务器上的HTTPS服务	优点：所有网站都可以使用默认的80端口；缺点：每个网站都需要单独的静态IP地址。	http://192.168.0.1 http://192.168.0.2 http://192.168.0.3
主机头名称	一般在Internet上大多使用此方法	优点：可以在一个IP地址上配置多个网站，对用户透明；缺点：必须通过主机头才能访问，HTTPS不支持主机头名称；需要与DNS配合。	http://www.serverA.com http://www.serverB.com http://www.serverC.com

图 11-19　虚拟网站的类型

图 11-20　添加网站

④ 启动"网络浏览"权限，添加"默认文档"主页，完成 www.serverA.com 网站的创建。

⑤ 重复上述①～④的步骤，创建 www.serverB.com 网站和 www.serverC.com 网站。

虚拟网站创建完成后，即可用 www.serverA.com 和 www.serverB.com 主机名来访问它们了，如图 11-21 所示。

4. 设置 Web 站点的权限

为了更有效、更安全地对 Web 服务器访问，需要对 Web 服务器上的特定网站、文件夹和文件授予相应访问权限。访问控制的流程如下。

① 用户向 Web 服务器提出访问请求。

② Web 服务器向客户端提出验证请求并决定采用所设置的验证方式来验证客户端的访问权。例如，Windows 集成验证方式会要求客户端输入用户名和密码。如果用户名、密码错误，则登录失败，否则会看其他条件是否满足。

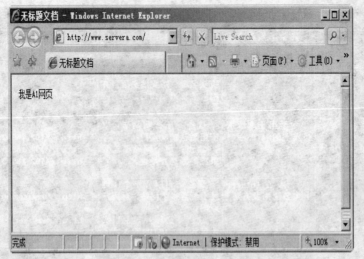

图 11-21　创建完成虚拟网站

③ Web 服务器验证客户端是否在允许的 IP 地址范围。如果该 IP 地址遭到拒绝，则请求失败，然后客户端会收到"403 禁止访问"的错误信息。

④ Web 服务器检查客户端是否有请求资源的 Web 访问权限。如果无相应权限，则请求失败。

⑤ 如果网站文件在 NTFS 分区，则 Web 服务器还会检查是否有访问该资源的 NTFS 权限。如果用户没有该资源的 NTFS 权限，则请求失败。

⑥ 只有以上②～⑤均满足，用户端才能允许访问网站。

5. 设置验证方法

通过设置 IIS 来验证或识别客户端用户的身份，以决定是否允许该用户和 Web 服务器建立网络连接。但是如果使用匿名访问，或 NTFS 权限设置不请求 Windows 账户的用户提供名称与密码，则不进行验证。

IIS 7.0 的验证方式共有 5 种：

- 匿名验证；
- 集成 Windows 身份验证；
- Windows 域服务器的摘要式身份验证；
- 基本身份验证；
- .NET Passport 身份验证。

【实训总结】

本次实训主要学习 IIS 的安装和使用。通过对 IIS 的安装和配置，可以将一台主机配置成一台 Web 服务器。

 【思考题】

1. IIS7.0 提供哪些服务？
2. 如何新建网站？怎样测试网站是否创建成功？
3. 什么是虚拟目录？如何创建虚拟目录？

实训项目十二

FTP 服务器的安装配置

【实训目的】

学习 Windows Server 2008 中的 FTP 服务器的安装、配置以及维护 FTP 站点的方法。

【实训内容】

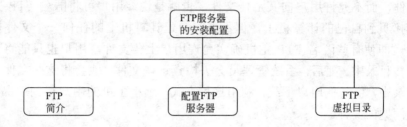

【实训环境】

在本书中,FTP 服务需要在安装有 Windows Server 2008 操作系统的服务器上安装与配置。

【理论基础】

FTP(File Transport Protocol,文件传输协议)用于实现客户端与服务器之间的文件传输,尽管 Web 也可以提供文件下载服务,但是 FTP 服务的效率更高,对权限控制更为严格。

FTP 有两个意思,其中一个指文件传输服务,FTP 提供交互式的访问,用来在远程主机与本地主机之间或两台远程主机之间传输文件。另一个意思是指文件传输协议,是 Internet 上使用最广泛的文件传输协议,它使用客户端/服务器模式,用户通过一个支持 FTP 协议的客户端程序,连接到在远程主机上的 FTP 服务器程序,用户通过客户机程序向服务器程序发出命令,服务器程序执行用户所发出的命令,并将执行的结果返回到客户端。

一般来说,用户联网的主要目的就是实现信息共享,文件传输是信息共享非常重要的内容之一。Internet 是一个非常复杂的计算机环境,有 PC,有工作站,有 MAC,有大型机,而这些计算机运行不同的操作系统,有运行 Unix 的服务器,也有运行 Dos、Windows 的 PC 机和运行 Mac OS 的苹果机等,要实现传输文件,并不是一件容易的事。基于不同的操作系统有不同的 FTP 应用程序,而所有这些应用程序都遵守 FTP 协议,这样任何两台 Internet 主机之间可通过 FTP 复制拷贝文件。

在 FTP 的使用当中,用户经常遇到两个概念:"下载"(Download)和"上传"(Upload)。"下载"文件就是从远程主机拷贝文件至自己的计算机上,"上传"文件就是将文件从自己的计算机中拷贝至远程主机上，用 Internet 语言来说，用户可通过客户端程序向（从）远程主机上传（下载）文件。

在 Internet 上有两类 FTP 服务器：一类是普通的 FTP 服务器，连接到这种 FTP 服务器上时，用户必须具有合法的用户名和口令。另一类是匿名 FTP 服务器，所谓匿名 FTP，是指在访问远程计算机时，不需要账户或口令就能访问许多文件、信息资源，用户不需要经过注册就可以与它连接，并且进行下载和上载文件的操作，通常这种访问限制在公共目录下。系统管理员建立了一个特殊的用户 ID，名为 anonymous，Internet 上的任何人在任何地方都可使用该用户 ID。值得注意的是，匿名 FTP 不适用于所有 Internet 主机，它只适用于那些提供了这项服务的主机。

当远程主机提供匿名 FTP 服务时，会指定某些目录向公众开放，允许匿名存取。系统中的其余目录则处于隐匿状态。作为一种安全措施，大多数匿名 FTP 主机都允许用户从其下载文件，而不允许用户向其上传文件，也就是说，用户可将匿名 FTP 主机上的所有文件全部拷贝到自己的计算机上，但不能将自己计算机上的任何一个文件拷贝至匿名 FTP 主机上。即使有些匿名 FTP 主机确实允许用户上传文件，用户也只能将文件上传至某一指定上传目录中。随后，系统管理员会去检查这些文件，他会将这些文件移至另一个公共下载目录中，供其他用户下载，利用这种方式，远程主机的用户得到了保护，避免了有人上传有问题的文件。

FTP 提供的命令十分丰富，涉及文件传输、文件管理、目录管理、连接管理等。目前世界上有很多文件服务系统，为用户提供公用软件、技术通报、论文研究报告等，这就使 Internet 成为目前世界上最大的软件和信息流通渠道。Internet 是一个资源宝库，有很多共享软件、免费程序、学术文献、影像资料、图片、文字、动画等，它们都允许用户用 FTP 下载。人们可以直接使用 WWW 浏览器去搜索所需要的文件，然后利用 WWW 浏览器所支持的 FTP 功能下载文件。

构建 FTP 服务器的软件常见的有 IIS 自带的 FTP 服务组件、Serv-U 和 Linux 下的 vsFTP、wu-FTP 等。

【实训步骤】

1. 配置 FTP 角色服务

FTP 服务是 Windows Server 2008 的 IIS 服务中的一个组件，默认情况下并没有安装，需要手动安装。需要注意的是，FTP 服务由 IIS6.0 提供，而不是由 IIS7.0 提供，因此 FTP 服务器安装完成以后，需要在 IIS6.0 中配置管理。

（1）添加 FTP 角色服务

① 首先，设置本机 TCP/IP 属性，手工指定 IP 地址、子网掩码、默认网关（也可暂不指定）和 DNS 服务器 IP 地址等。IIS 7.0 角色具体安装步骤如下：

② 在"服务器管理器"控制台中，单击"角色"节点，在控制台右侧界面中单击"添加角色"按钮，打开"添加角色向导"页面，如图 12-1。然后选择"WEB 服务器（IIS）"复选框，并点击"添加必需的功能"按钮，如图 12-2 所示。

③ 单击"下一步"，在出现的对话框中单击"安装"按钮，完成 FTP 相关组件的安装，如图 12-3 所示。

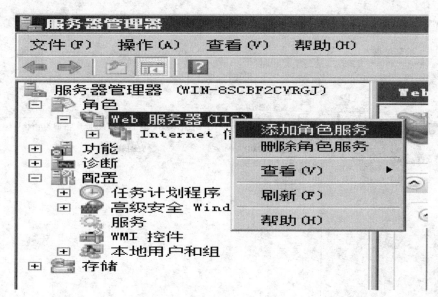

图 12-1　添加角色服务

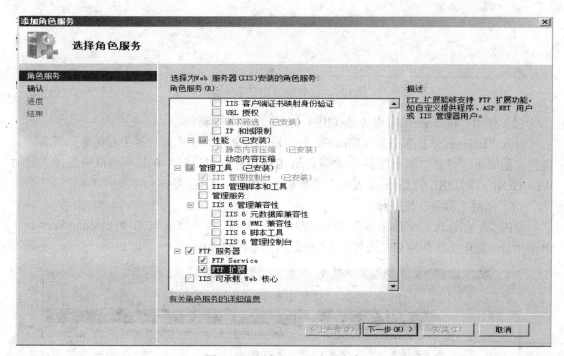

图 12-2　添加 FTP 服务器角色

2. FTP 服务的启动与停止

要启动或停止 FTP 服务，可以使用 net 命令、"Internet 信息服务器（IIS）6.0 管理器控制台"或"服务"控制台实现。

（1）使用 net 命令

以管理员账户登录到 FTP 服务器上，在命令提示符界面中，输入命令"net start msftpsvc"，启动 FTP 服务，输入"net stop msftpxvc"，停止 FTP 服务。

129

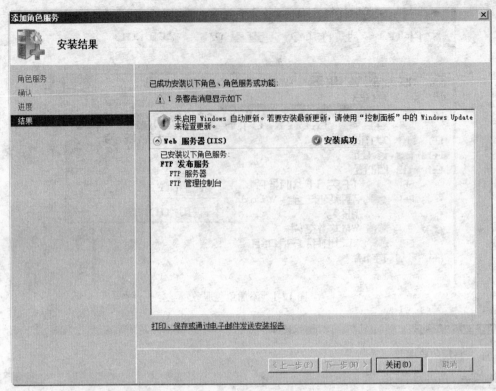

图 12-3　安装成功 FTP 服务组件

（2）使用"Internet 信息服务器（IIS）6.0 管理器"控制台

打开"Internet 信息服务器（IIS）6.0 管理器"控制台，在控制台树中右键单击服务器，在弹出的菜单中选择"所有任务 | 重新启动 IIS"，打开对话框，在其下拉框中选择"启动 WIN-GC4LXDDJZSL 的 Internet 服务"即可启动或停止 FTP 服务。

（3）使用"服务"控制台

单击"开始|管理工个具|服务"，打开"服务"控制台，找到服务"FTP Publishing Service"，单击"启动此服务"即可启动或停止 FTP 服务，如图 12-4 所示。

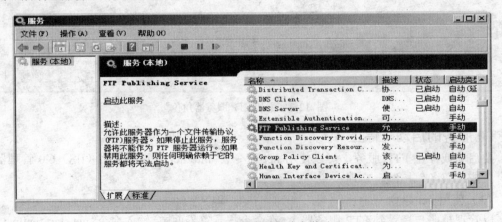

图 12-4　FTP 服务的开启与停止

3. 创建和访问 FTP 站点

FTP 服务器的配置较简单，主要需要设置的是站点的 IP 地址、端口、主目录、访问权限等。"默认 FTP 站点"的主目录所在的默认文件夹为"%Systemdriver%\inetpub\ftproot"，用户不需要对 FTP 服务器做任何修改，只要将想实现共享的文件复制到以上目录即可。这时，允许来自任何 IP 地址的用户以匿名方式访问该 FTP 站点。

由于默认状态下对主目录的访问为只读方式，所以用户只能下载而无法上传文件。

（1）准备 FTP 主目录

以管理员账户登录到 FTP 服务器上，在创建 FTP 站点之前，要准备 FTP 站点的主目录以便用户上传/下载文件使用。这里以文件夹"C：\ftp"作为 FTP 站点的主目录，并在该文件夹中存入一个程序供用户在客户端计算机上下载和上传测试，如图 12-5 所示。

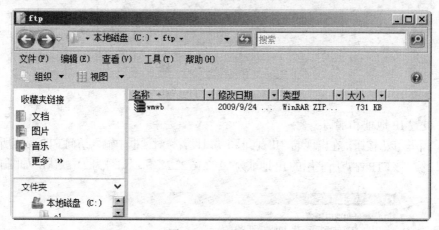

图 12-5　FTP 主目录

（2）查看 FTP 站点

打开"Internet 信息服务器（IIS）管理器"，点击中间功能视图中"FTP 站点"中"单击此处启动"，出现"Internet 信息服务器（IIS）6.0 管理器"控制台，在控制台树中依次展开服务器和"FTP 站点"节点，在控制台中可以看到存在一个默认的站点"Default FTP Site"，其状态为"已停止"，用户不能访问，如图 12-6 所示。

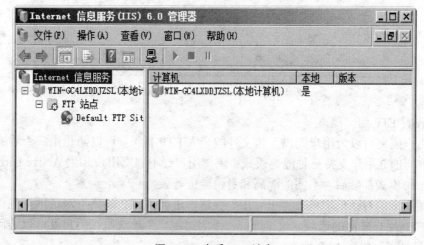

图 12-6　查看 FTP 站点

（3）新建 FTP 站点

打开"FTP 站点创建向导"，创建一个新的 FTP 站点，右键单击"FTP 站点"，在弹出的菜单中选择"新建 | FTP 站点"，将打开"FTP 站点创建向导"页面，单击"下一步"按钮，在出现 FTP 描述对话框中输入"ftp"，如图 12-7 所示。

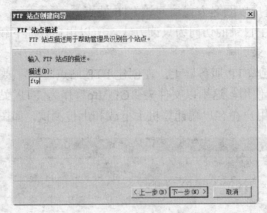

图 12-7　新建 FTP 站点

（4）设置 IP 地址和端口

单击"下一步"按钮，在出现的"IP 地址和端口设置"对话框中输入访问 FTP 站点所使用的 IP 地址和端口号，该 FTP 站点所使用的 IP 地址为"172.16.22.2"和端口号为 21(默认)，如图 12-8 所示。

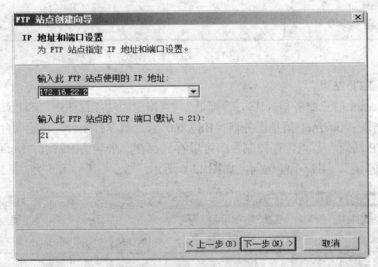

图 12-8　设置 FTP 站点 IP 和端口号

（5）设置 FTP 用户隔离

FTP 用户隔离可以为用户提供上传文件的个人 FTP 目录，可以防止用户查看或覆盖其他用户的内容。FTP 用户支持三种隔离模式：隔离用户、不隔离用户和用 Active Directory 隔离用户。每一种模式都会启动不同的隔离和身份验证等级。

在上图所示的对话框中单击"下一步"按钮，出现"FTP 隔离"对话框，在该对话框中可以设置 FTP 用户隔离的选项，这里选择"不隔离用户"单选框，用户就可以访问其他用户的 FTP 主目录了，如图 12-9 所示。

132

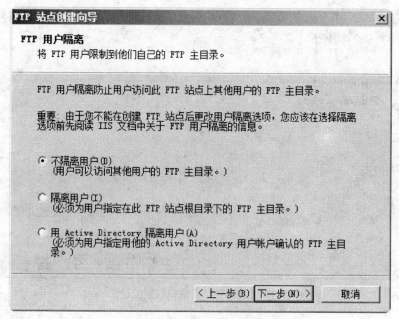

图 12-9　FTP 用户隔离的设置

（6）设置 FTP 站点主目录

单击"下一步"按钮，出现"FTP 站点主目录"对话框，在该对话框中可以设置 FTP 站点的主目录，输入主目录路径为"C：\ftp"，如图 12-10 所示。

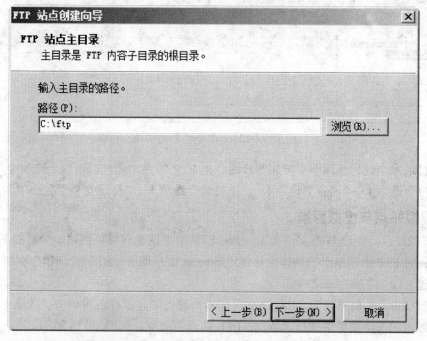

图 12-10　FTP 站点主目录路径

（7）设置 FTP 站点访问权限

单击"下一步"按钮，在出现的"FTP 站点访问权限"对话框中选择权限，这里选择默认的"读取"，如图 12-11 所示，然后单击"下一步"按钮，完成 FTP 站点的创建。

133

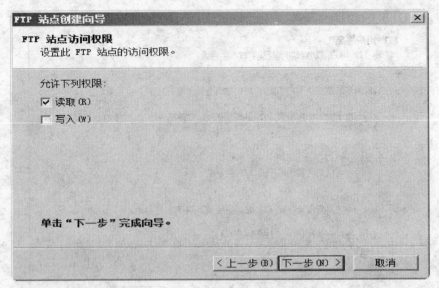

图 12-11　FTP 站点访问权限的设置

刚创建好的 FTP 站点处于"已停止"状态。右键单击 FTP 站点，在弹出的菜单中选择"启动"，可以看到 FTP 站点状态成为"正在运行"，如图 12-12 所示。此时用户就可以在 FTP 客户端计算机上通过 IP 地址访问该站点了。

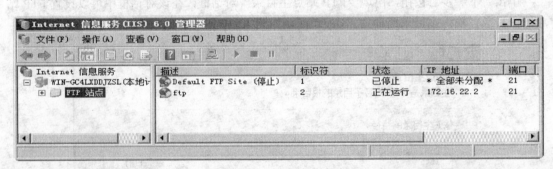

图 12-12　FTP 站点的启动

在"目录安全性"选项卡中限制客户端访问 FTP 站点，通过以下四个选项卡进行设置："安全账户"选项卡、"消息"选项卡、"主目录"选项卡、"目录安全性"选项卡。

4. FTP 虚拟站点与虚拟目录

FTP 虚拟站点与创建 Web 站点类似，使用 FTP 站点创建向导可创建一个新的 FTP 虚拟站点。创建新的 FTP 虚拟站点的操作也是在"Internet 信息服务（IIS）管理器"窗口中完成的。下面是创建 FTP 虚拟站点的步骤。

① 在"Internet 信息服务（IIS）6.0 管理器"窗口中，鼠标右键单击"默认 FTP 站点"按钮，在弹出的快捷菜单中选择"新建 | FTP 站点"命令，如图 12-13 所示。

② 显示"FTP 站点创建向导"对话框，单击"下一步"按钮。打开"FTP 站点描述"对话框，填写"FTP 站点描述"，如"My FTP Site"，单击"下一步"按钮继续。

③ 在打开的"IP 地址和端口设置"对话框中，为 FTP 服务器指定一个静态 IP 地址，并设置默认 TCP 端口号 21，如图 12-14 所示，单击"下一步"按钮继续。

134

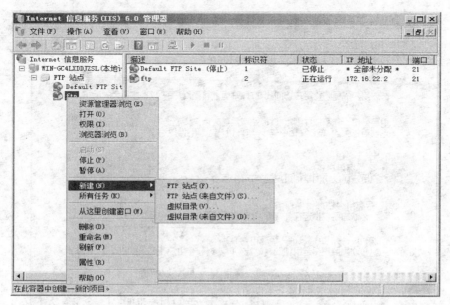

图 12-13　新建 FTP 站点

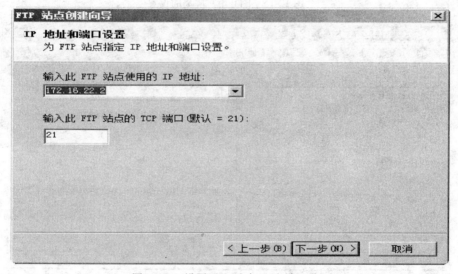

图 12-14　设置 FTP 站点 IP 和端口号

④ 在如图 12-15 所示的 "FTP 用户隔离" 对话框中指定 FTP 服务器隔离用户的方式。如果用户可以访问其他用户的 FTP 主目录，选择 "不隔离用户"；如果不同用户只能访问不同的 FTP 主目录，则选择 "隔离用户"；如果根据活动目录中的用户来隔离 FTP 主目录，则选择 "用 Acitve Directory 隔离用户"。单击 "下一步" 按钮继续。

⑤ 在显示 "FTP 站点主目录" 对话框中，输入主目录的路径，单击 "下一步" 按钮。

⑥ 在 "FTP 站点访问权限" 对话框中，给主目录设定访问权限。如果只想提供文件下载，选择 "读取" 即可。如想上传文件，则应当同时选 "读取" 和 "写入"。单击 "下一步" 按钮，出现成功完成 "FTP 站点创建向导" 对话框，在该对话框中单击 "完成" 按钮，则 FTP 站点建立完成。

这时在 "Internet 信息服务（IIS）6.0 管理器" 窗口中将显示新建的 FTP 站点，如图 12-16 所示。还可打开 FTP 站点的 "属性" 对话框，对其进一步的设置。

135

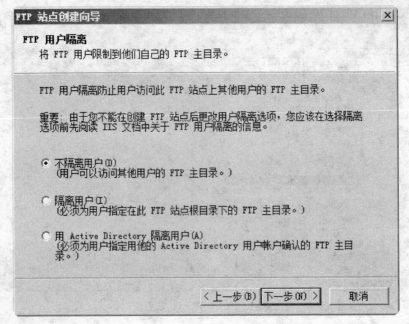

图 12-15　FTP 用户隔离的设置

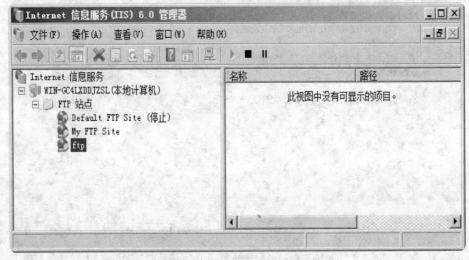

图 12-16　FTP 站点创建成功

5. FTP 客户端的使用

（1）FTP 命令

可以在客户端的命令提示符下，使用 Windows 自带的 FTP 命令连接到 FTP 服务器上。连接方法是：选择"开始 | 运行"命令，输入"CMD"（在 Windows 98 下为 COMMAND；在 Windows 2000/XP/2003 下为 CMD），进入命令提示符状态，输入"FTP 服务器的 IP 地址或域名"命令，按提示输入用户名和密码就可进入 FTP 服务器的主目录，如图 12-17。

（2）使用 Web 浏览器

使用 Web 浏览器访问 FTP 站点时，在 Web 浏览器的"地址栏"中输入欲连接的 FTP 站点的 IP 地址或域名。格式为：FTP://IP 地址/主机名，如 ftp://192.168.0.1，如图 12-18 所示。

（3）FTP 客户端软件

图 12-17　进入 FTP 服务器主目录

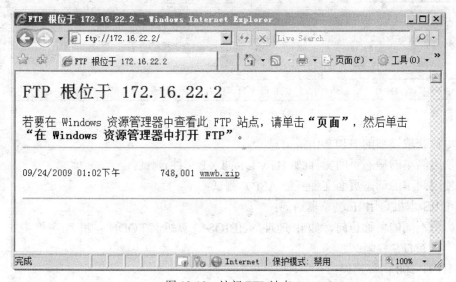

图 12-18　访问 FTP 站点

FTP 服务器的访问有专门的图形界面的 FTP 客户端软件。目前使用最多的是美国 GlobalScape 公司的 CuteFTP 软件，实现对 FTP 站点的访问，如图 12-19。

6. IIS 的常见故障排除

IIS 主要有如下几个方面的故障：

- IIS 服务、站点工作不正常；
- IIS 服务管理器无法打开；
- 静态页面无法访问；
- 动态页面无法访问；
- HTTP 出错代码，如 HTTP 500 错误；
- 验证、权限问题；
- FTP 出错。

7. IIS 排错步骤

- 检查 IIS 服务、站点是否已经启动；

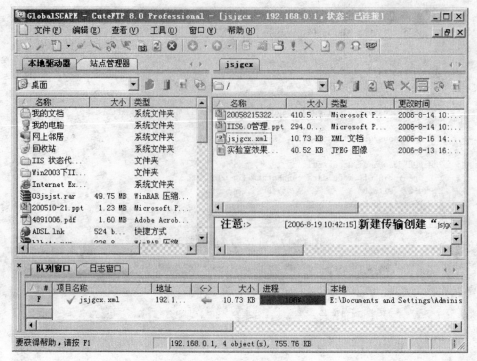

图 12-19　FTP 客户端软件

- 尽量获取详细的 HTTP 出错信息;
- 使用简单的静态页面文件(如 HTML 或 TXT 文件)测试;
- 使用简单的动态页面文件（如 ASP）测试;
- 在 IIS 本机启用 IE 浏览器访问;
- 启用不同的名称访问，如 IP 地址/NetBIOS 计算机名/FQDN 主机名/主机头;
- 检查 NTFS 权限;
- HTTP 500 内部错误;
- 其他方法。

【实训总结】

　　本章主要介绍了 FTP 服务的概念和 FTP 服务的工作过程,FTP 是 File Transfer Protocol(文件传输协议)的简称，是 Internet 传统的服务之一。FTP 使用户能在两个联网的计算机之间传输文件，它是在 Internet 中传递文件最重要的方法。

　　本实训中具体讲述了 FTP 服务器的安装和配置方法，然后介绍了 FTP 客户端的使用，以及 IIS 常见故障以及排除方法。

【思考题】

1. FTP 服务器能提供哪些服务?
2. 如何新建 FTP 网站? 怎样测试网站是否创建成功?
3. 什么是 FTP 虚拟目录? 如何创建虚拟目录?

实训项目十三

网络故障的检测

【实训目的】

① 对计算机网络故障有全面的了解；
② 掌握常用网络故障测试命令的使用；
③ 能够分析在物理层、数据链路层、网络层、高层出现的网络故障原因并及时排除。

【实训内容】

① 使用故障测试命令查找网络故障；
② 分析物理层、数据链路层、网络层、高层出现的网络故障原因并及时排除。

【实训环境】

1. 实训设备

PC 机三台，交换机一台，路由器两台，线缆若干。

2. 实训环境（见图 13-1）

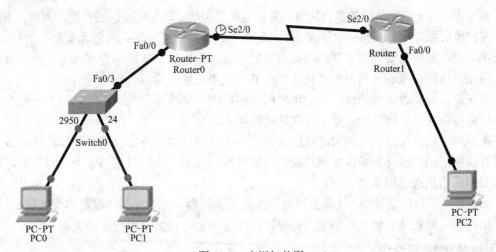

图 13-1　实训拓扑图

说明：PC0 和 PC1 通过交换机 Switch0 连接在同一局域网中，通过路由器 Router0 的 f0/0 接入广域网；PC2 通过网线连接路由器 Router1 的 f0/0 接口；Router0 和 Router1 的 s2/0 接口通过串口线连接。

地址配置如下。

路由器 Router0 的 ip 地址：s2/0:10.10.10.1/24,f0/0:192.168.1.254/24；

路由器 Router1 的 ip 地址：s2/0:10.10.10.2/24,f0/0:192.168.2.254/24；

主机 PC0 的 ip 地址：192.168.1.1/24,网关：192.168.1.254；

主机 PC1 的 ip 地址：192.168.1.2/24,网关：192.168.1.254；

主机 PC2 的 ip 地址：192.168.2.1/24,网关：192.168.2.254。

【理论基础】

1. 分层功能及其故障关注点

（1）物理层

功能：负责介质的连接

主要关注：电缆、连接头、信号电平、编码时钟和组帧。

（2）数据链路层

功能：封装成不同链路的数据帧

主要关注：端口状态，协议状态为 up,表示链路层工作正常。同时和利用率也有关系。

（3）网络层

功能：分段打包和重组及差错报告

主要关注：地址和子网掩码是否正确，路由协议配置是否正确。排除时沿着源到目的地的路径查看路由表。同时检查接口的 ip 地址。

（4）高层

功能：负责端到端的数据。

主要关注：网络终端的高层协议以及终端设备软硬件运行良好。

2. 网络故障诊断步骤

第一步，首先确定故障的具体现象，分析造成这种故障现象的原因的类型。例如，主机不响应客户请求服务。可能的故障原因是主机配置问题、接口卡故障或路由器配置命令丢失等。

第二步，收集需要的用于帮助隔离可能故障原因的信息。从网络管理系统、协议分析跟踪、路由器诊断命令的输出报告或软件说明书中收集有用的信息。

第三步，根据收集到的情况考虑可能的故障原因，排除某些故障原因。例如，根据某些资料可以排除硬件故障，把注意力放在软件原因上。

第四步，根据最后的可能故障原因，建立一个诊断计划。开始仅用一个最可能的故障原因进行诊断活动，这样容易恢复到故障的原始状态。如果一次同时考虑多个故障原因，试图返回故障原始状态就困难多了。

第五步，执行诊断计划，认真做好每一步测试和观察，每改变一个参数都要确认其结果。分析结果确定问题是否解决，如果没有解决，继续下去，直到故障现象消失。

3. 网络故障检测命令

（1）ping 命令

ping 命令是用于确定本地主机是否能与另一台主机成功交换数据包。根据返回的信息，可以推断 TCP/IP 参数（因为现在网络一般都是通过 TCP/IP 协议来传送数据的）是否设置正确，以及运行是否正常、网络是否通畅等。但 ping 成功并不代表 TCP/IP 配置一定正确，你有可能要执行大量的本地主机与远程主机的数据包交换，才能确认 TCP/IP 配置无误。

① ping 127.0.0.1

140

127.0.0.1 是本地循环地址.如果该地址无法 ping 通，则表明本机 TCP/IP 协议不能正常工作；如果 ping 通了该地址，证明 TCP/IP 协议正常，则进入下一个步骤继续诊断。

② ping 本机的 IP 地址

使用 ipconfig 命令可以查看本机的 IP 地址，ping 该 IP 地址，如果 ping 通，表明网络适配器（网卡或者 Modem）工作正常，则需要进入下一个步骤继续检查；反之则是网络适配器出现故障。

③ ping 本地网关

本地网关的 IP 地址是已知的 IP 地址。ping 本地网关的 IP 地址，ping 不通则表明网络线路出现故障。如果网络中还包含有路由器，还可以 ping 路由器在本网段端口的 IP 地址，不通则此段线路有问题，通则再 ping 路由器在目标计算机所在同段的端口 IP 地址，不通则是路由出现故障。如果通，最后再 ping 目的机的 IP 地址。

④ ping 网址

如果要检测的是一个带 DNS 服务的网络（比如 Internet），上一步 ping 通了目标计算机的 IP 地址后，仍然无法连接到该机，则可以 ping 该机的网络名，比如：ping www.sohu.com.cn，正常情况下会出现该网址所指向的 IP 地址，这表明本机的 DNS 设置正确，而且 DNS 服务器工作正常，反之就可能是其中之一出现了故障。

（2）ipconfig 命令

ipconfig 这个命令，通常只被用户用来查询本地的 IP 地址、子网掩码、默认网关等信息。ipconfig、ping 是我们在诊断网络故障或查询网络数据时常用的命令，它们的使用也很简单，即使你不知道它们的应用格式，也可以通过"ipconfig/?"或"ping/?"这种标准的 DOS 命令帮助方式来获取相关信息。

（3）tracert 命令

tracert 命令能够追踪你访问网络中某个节点时所走的路径，也可以用来分析网络和排查网络故障。举例，若想知道自己访问 sohu.com.cn 时走的是怎样一条路线，就可以在 DOS 状态下输入 tracert sohu.com.cn，执行后经过一段时间等待，系统会反馈出很多 IP 地址。最上方的 IP 地址是本地的网关，而最后面一个地址就是 sohu.com.cn 网站的 IP 地址了。换句话说，从上至下，便是访问 sohu.com.cn 所走过的"足迹"。

（4）netstat 命令

netstat 命令是一个监控 TCP/IP 网络的实用的工具，它可以显示实际的网络连接以及每一个网络接口设备的状态信息。Netstat 命令的参数不是很多，常用 Netstat-r 来监视网络的连接状态，非常管用。

（5）arp 命令

arp 协议的基本功能就是通过目标设备的 IP 地址，查询目标设备的 MAC 地址，以保证通信的顺利进行。arp-a 命令可以查看本地的 ARP 缓存内容，还可以使用"**arp-s**"命令手工设置 ARP 表项。

【实训步骤】

在拓扑图描述的网络环境中，pc0 和 pc1 在局域网 192.168.1.0/24 中，pc2 在另外一个局域网 192.168.2.0/24 中，两个局域网间通过路由器 router0 和 router1 构成的广域网连接起来。依据网络层次排查网络故障,下面介绍排查网络故障的步骤及检测技术。

1. 局域网网络故障排查

主机 pc0 ping 主机 pc1，假如结果如图 13-2 所示，说明两台主机间不通。

```
Command Prompt                                    X

Packet Tracer PC Command Line 1.0
PC>ping 192.168.1.2

Pinging 192.168.1.2 with 32 bytes of data:

Request timed out.
Request timed out.
Request timed out.
Request timed out.

Ping statistics for 192.168.1.2:
    Packets: Sent = 4, Received = 0, Lost = 4 (100% loss),

PC>
```

图 13-2 pc0 ping pc1

按照网络层次来排查故障。

（1）物理层故障排查

依次检查网线、网卡、设备及设备接口是否正常。如果这些都正常，向上查看数据链路层是否有故障。

（2）数据链路层故障排查

① 查看交换机接口协议是否为 up，工作模式、速率是否一致。通过 show interfaces 查看交换机的接口状态，结果如下：

Switch#show interfaces
FastEthernet0/1 is up, line protocol is up (connected)　　! 链路协议为 up
　　Hardware is Lance, address is 0090.2b98.0201 (bia 0090.2b98.0201)
BW 100000 Kbit, DLY 1000 usec,
　　reliability 255/255, txload 1/255, rxload 1/255
Encapsulation ARPA, loopback not set
Keepalive set (10 sec)
Full-duplex, 100Mb/s　　　　　　　　　　　　　　　　!全双工模式，100M 速率

② 查看主机网卡的工作模式及速率，结果如图 13-3 所示。

图 13-3 pc0 网卡配置

从查看结果看出，主机和交换机的端口工作模式及速率配置一致。我们再接着向上层排查。

（3）网络层故障排查

该层主要查看地址和子网掩码是否正确，路由协议配置是否正确。使用 ping 命令测试主机地址配置是否正确。在 pc0 主机上的 ping 测试结果如图 13-4 所示。从测试结果分析，ping 环回地址正常，说明 pc0 的 TCP/IP 协议族安装正确；ping 本机地址 ，结果是目的地址不可达，说明 pc0 的地址未配置或者配置不正确。通过检查，发现主机 pc0 的地址未配置，按照给定的地址设置好以后，pc0 和 pc1 能够正常通信。

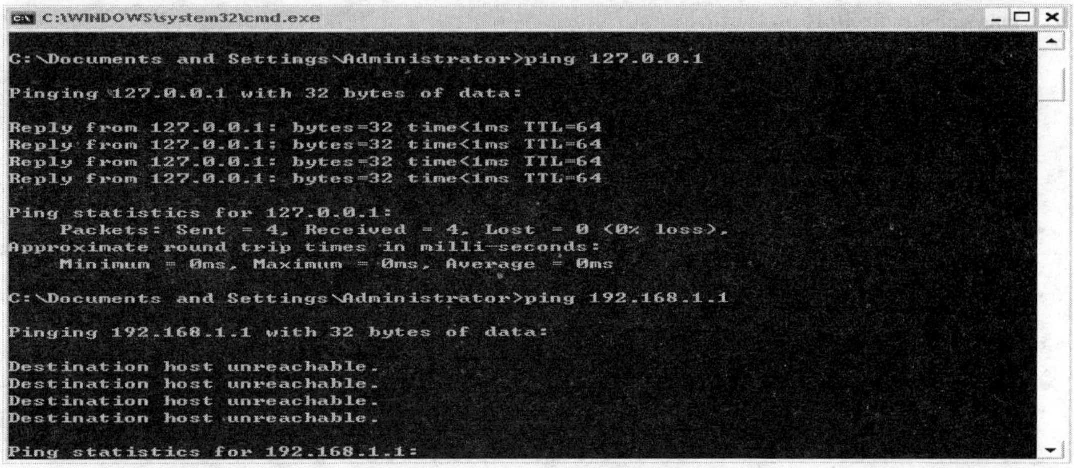

```
C:\WINDOWS\system32\cmd.exe

C:\Documents and Settings\Administrator>ping 127.0.0.1

Pinging 127.0.0.1 with 32 bytes of data:

Reply from 127.0.0.1: bytes=32 time<1ms TTL=64
Reply from 127.0.0.1: bytes=32 time<1ms TTL=64
Reply from 127.0.0.1: bytes=32 time<1ms TTL=64
Reply from 127.0.0.1: bytes=32 time<1ms TTL=64

Ping statistics for 127.0.0.1:
    Packets: Sent = 4, Received = 4, Lost = 0 (0% loss),
Approximate round trip times in milli-seconds:
    Minimum = 0ms, Maximum = 0ms, Average = 0ms

C:\Documents and Settings\Administrator>ping 192.168.1.1

Pinging 192.168.1.1 with 32 bytes of data:

Destination host unreachable.
Destination host unreachable.
Destination host unreachable.
Destination host unreachable.

Ping statistics for 192.168.1.1:
```

图 13-4　pc0 的 ping 测试

2. 广域网网络故障排查

pc0 访问外网的 pc2,使用 ping 命令进行测试，结果如下：

PC>ping 192.168.2.1

Pinging 192.168.2.1 with 32 bytes of data:

Request timed out.

Request timed out.

Request timed out.

Request timed out.

Ping statistics for 192.168.2.1:

Packets: Sent = 4, Received = 0, Lost = 4 (100% loss)，说明两台主机间不能连通。

按照网络层次来排查故障，假设物理层和数据链路层都正常，接下来排查网络层故障。主机地址、掩码配置也正确，故障可能出现在沿途路由器上。可以通过 ping 和 tracert 来定位是哪台路由器节点信息配置不正确。

（1）使用 ping 命令沿源到目的路途中的各个节点顺序，测试和它们之间的连通性。

PC>ping 192.168.1.254　　　　　　　!ping 自己的网关通，说明局域网配置没问题

Pinging 192.168.1.254 with 32 bytes of data:

Reply from 192.168.1.254: bytes=32 time=62ms TTL=255

Reply from 192.168.1.254: bytes=32 time=47ms TTL=255

Reply from 192.168.1.254: bytes=32 time=62ms TTL=255

Reply from 192.168.1.254: bytes=32 time=63ms TTL=255

Ping statistics for 192.168.1.254:

Packets: Sent = 4, Received = 4, Lost = 0 (0% loss),
Approximate round trip times in milli-seconds:
Minimum = 47ms, Maximum = 63ms, Average = 58ms
PC>ping 10.10.10.1　　　　　　　　　！ping 路由器的外网接口也通，说明 router0 配置没问题
Pinging 10.10.10.1 with 32 bytes of data:
Reply from 10.10.10.1: bytes=32 time=46ms TTL=255
Reply from 10.10.10.1: bytes=32 time=49ms TTL=255
Reply from 10.10.10.1: bytes=32 time=62ms TTL=255
Reply from 10.10.10.1: bytes=32 time=62ms TTL=255
Ping statistics for 10.10.10.1:
Packets: Sent = 4, Received = 4, Lost = 0 (0% loss),
Approximate round trip times in milli-seconds:
Minimum = 46ms, Maximum = 62ms, Average = 54ms

PC>ping 10.10.10.2　　　　　　　　　　！ping 下一跳路由器不通
Pinging 10.10.10.2 with 32 bytes of data:
Request timed out.
Request timed out.
Request timed out.
Request timed out.
Ping statistics for 10.10.10.2:
Packets: Sent = 4, Received = 0, Lost = 4 (100% loss),说明故障出现路由器 router1 上。

（2）使用 tracert 命令确定数据包在网络上的停止位置，从而确定故障点。Tracert 的使用及查看结果如图 13-5 所示。

```
PC>tracert 192.168.2.1

Tracing route to 192.168.2.1 over a maximum of 30 hops:

  1   47 ms     47 ms     62 ms     192.168.1.254
  2   *         *         *         Request timed out.
  3   *         *         *         Request timed out.
  4   *         *         *         Request timed out.
```

图 13-5　tracert 192.168.2.1

从测试结果看出，路由器 Router0 正常，下一节点请求超时，说明故障点在路由器 Router1 上。

（3）使用 show interfaces 命令查看 Router1 的接口配置，结果如下：

Router#show interfaces s2/0
Serial2/0 is up, line protocol is up (connected)
Hardware is HD64570
Internet address is 10.10.10.2/24 ！地址配置正确

Router#show interfaces f0/0
FastEthernet0/0 is up, line protocol is up (connected)
Hardware is Lance, address is 0060.709c.33a3 (bia 0060.709c.33a3)
Internet address is 192.168.2.254/24　！地址配置正确

（4）使用 show ip route 查看 router1 的路由表，结果如下：

```
Router#show ip route
Codes: C - connected, S - static, I - IGRP, R - RIP, M - mobile, B - BGP
       D - EIGRP, EX - EIGRP external, O - OSPF, IA - OSPF inter area
       N1 - OSPF NSSA external type 1, N2 - OSPF NSSA external type 2
       E1 - OSPF external type 1, E2 - OSPF external type 2, E - EGP
       i - IS-IS, L1 - IS-IS level-1, L2 - IS-IS level-2, ia - IS-IS inter area
       * - candidate default, U - per-user static route, o - ODR
       P - periodic downloaded static route

Gateway of last resort is not set

       10.0.0.0/24 is subnetted, 1 subnets
C         10.10.10.0 is directly connected, Serial2/0
C       192.168.2.0/24 is directly connected, FastEthernet0/0
```

从查看结果看出，Router1 上没有到达 192.168.1.0 网络的路由，这就是 PC0 和 PC2 不通的原因。在路由器 router1 上添加路由即可，命令如下：

```
Router(config)#ip route 192.168.1.0 255.255.255.0 10.10.10.1
```

配置完成后的测试，同学们自己完成。

3. 局域网中地址冲突故障排查

（1）用 ARP 命令查找 IP 地址冲突主机

如果网络中存在相同 IP 地址主机时，就会报告出 IP 地址冲突的警告。这是怎么产生的呢？

比如某主机 PC1 规定 IP 地址为 192.168.1.2，如果它处于开机状态，那么其他机器 PC0 更改 IP 地址为 192.168.1.2 就会造成 IP 地址冲突。其原理就是：主机 PC0 在连接网络(或更改 IP 地址)的时候就会向网络发送 ARP 包广播自己的 IP 地址。如果网络中存在相同 IP 地址的主机 PC1，那么 PC1 就会通过 ARP 来 reply 该地址，当 PC0 接收到这个 reply 后，PC1 就会跳出 IP 地址冲突的警告，当然 PC1 也会有警告。

如果能同时观察到这些主机，那么通过修改其中一台主机的 IP 地址即可解决问题。但是如果仅能观察到其中一台 PC 提示"IP 地址 192.168.1.2 与网络上的其他地址冲突"，那么应如何确定是哪两台主机设置了相同的 IP 地址呢？可以用 ARP 命令查找 IP 地址冲突主机，步骤如下。

① 将该报警主机 PC1 的 IP 地址修改为一个未用地址，如：192.168.1.3。

② 在该机命令提示符界面输入"Ping 192.168.1.2"。

③ 执行"arp-a"命令,结果如下：

```
PC>arp-a
   Internet Address        Physical Address Type
   192.168.1.2             0030.a386.82a1  dynamic   ！查出了引起冲突主机的 mac 地址
```

④ 在局域网交换机上执行"show mac-address-table"命令，查看冲突主机所连接的交换机接口，结果如下：

```
Switch#show mac-address-table
          Mac Address Table
----------------------------------------------

Vlan      Mac Address      Type        Ports
```

____	_____	_____	_____	
1	0030.a386.82a1	DYNAMIC	Fa0/1	！连接在 f0/1 接口的主机
1	00e0.f7a4.ed81	DYNAMIC	Fa0/2	

进而找到该冲突机，修改其 ip 地址即可。

（2）用 ARP 绑定防御 ARP 欺骗攻击

ARP 攻击常导致局域网中主机不能正常访问外网，因为 ARP 欺骗攻击是利用大量 reply 报文来淹没正常 Replay 报文达到欺骗目的的，一般是 ARP 攻击主机淹没网关回应报文，导致局域网中主机发向外网的报文没有送给网关而是送给了本网的攻击主机，造成请求主机收不到外网服务器回应，认为上不了网。

目前简单的防御方法是采用 ARP 绑定，步骤如下。

① 在 pc0 命令提示符界面输入 "ping 192.168.1.254"，ping 网关。

② 执行 "arp-a" 命令，结果如下：

```
PC>arp -a
    Internet Address        Physical Address        Type    ！动态的 ARP 表
    192.168.1.2             00e0.f7a4.ed81          dynamic
    192.168.1.254           0001.64e1.d46b          dynamic
```

③ 执行 "arp-s 192.168.1.254 0001.64e1.d46b" 命令，静态绑定网关的 ip 和 mac。

模拟软件支持的命令参数有限，建议同学们在真实机上完成 ARP 绑定的练习。

4. 用 netstat-r 监视网络的连接状态

Netstat 可以查看主机网络连接的情况，每个接口的状态，网关信息，也就是主机的路由表，对排查网络故障也很有帮助。查看的信息如下：

```
PC>netstat-r


Route Table
===========================================================================
Interface List
0x1 .......................... PT TCP Loopback interface
0x2 ...00 16 6f 0d 88 ec ...... PT Ethernet interface
===========================================================================
===========================================================================
Active Routes:
Network Destination        Netmask          Gateway          Interface      Metric
        0.0.0.0            0.0.0.0      192.168.1.254    192.168.1.2         1
Default Gateway:           192.168.1.254
===========================================================================
Persistent Routes:
    None
```

显示了本机网卡配置信息及缺省路由信息，对排查网络层故障很有帮助。还可以使用 netstat 命令查看服务器的端口状态，以确定服务的状态，排查高层故障。

【实训总结】

本次实训主要学习网络故障排查的步骤和方法，着重练习了网络测试命令的使用，并通过命令显示信息，确定网络故障，解决网络故障。

完成本实训后，对相关内容进行总结，进一步学习命令参数及返回结果的含义。建议同学完成以下任务。

① 结合具体物理硬件，总结物理硬件故障现象、原因及解决方法。

② 在真实网络环境中，练习使用网络测试命令。

【思考题】

1. 如何解决"本地连接"图标不见的故障？

2. 如何在 dos 下配置网卡的 ip 地址？

3. 上网速度慢会有哪些原因造成？怎么解决？

实训项目 十四

简单 socket 网络程序开发

【实训目的】

① 掌握套接字的基本知识；
② 套接字相关的 API 及应用。

【实训内容】

① 熟悉套接字基本知识；
② 使用 VC++进行网络编程。

【实训环境】

1~2 台装有 VC++ 6.0 的 PC 机。

【理论基础】

1. Winsock 的基本概念

Socket 在英文中是"插座"的意思，它的设计者实际上暗指电话插座。因为在 Socket 环境下编程很像是模拟打电话，Internet 的 IP 就是电话号码，要打电话，需要电话插座，在程序中就是向系统申请一个 Socket，以后两台机器上的程序"交谈"都是通过这个 Socket 来进行的。对程序员来说，也可以把 Socket 看成一个文件指针，只要向指针所指的文件读写数据，就可以实现双向通信。利用 Socket 进行通信，有两种主要方式。第一种是面向连接的流方式，顾名思义，在这种方式下，两个通信的应用程序之间先要建立一种连接链路，其过程好像在打电话。一台计算机（电话）要想和另一台计算机（电话）进行数据传输（通话），必须首先获得一条链路，只有确定了这条通路之后，数据（通话）才能被正确接收和发送。这种方式对应的是 TCP（Transport Control Protocol）。第二种叫做无连接的数据报文方式，这时两台计算机像是把数据放在一个信封里，通过网络寄给对方，信在传送的过程中有可能会残缺不全，而且后发出的信也有可能会先收到，它对应的是 UDP（User Datagram Protocol）。流方式的特点是通信可靠，对数据有校验和重发的机制，通常用来做数据文件的传输如 FTP、Telnet 等；数据报文方式由于取消了重发校验机制，能够达到较高的通信速率，可用于对数据可靠性要求不高的通信，如实时的语音、图像传送和广播消息等。

在 ISO 的 OSI 网络七层协议中，Winsock 主要负责控制数据的输入输出，也就是传输层和网络层。Winsock 屏蔽了数据链路层和物理层，它的出现给 Windows 下的网络编程带来了巨大的变化。

2. Winsock 基本的 API

（1）WSAStartup

int PASCAL FAR WSAStartup (WORD wVersionRequested, LPWSADATA lpWSAData);

148

本函数必须是应用程序或 DLL 调用的第一个 Windows Sockets 函数。它允许应用程序或 DLL 指明 Windows Sockets API 的版本号及获得特定 Windows Sockets 实现的细节。应用程序或 DLL 只能在一次成功的 WSAStartup() 调用之后才能调用进一步的 Windows Sockets API 函数。

参数 wVersionRequested 表示欲使用的 Windows Sockets API 版本；这是一个 WORD 类型的整数。它的高位字节指出副版本(修正)号，低位字节指明主版本号。 程序中可以使用宏 MAKEWORD(X,Y)（其中，X 是高位字节，Y 是低位字节）设置这个参数。lpWSAData 指向 WSADATA 数据结构的指针，WSAStartup 加载的动态库的有关信息都填充在这个结构中。

WSAStartup：调用成功返回 0，返回失败则有以下可能值。

WSASYSNOTREADY：网络设备没有准备好。

WSAVERNOTSUPPORTED：Winsock 的版本信息号不支持。

WSAEPROCLIM：已经达到 Winsock 使用量的上限。

WSAEFAULT：lpWSAData 不是一个有效的指针。

（2）socket

SOCKET socket(int af, int type, int protocol);

为了进行网络通信，一个进程必须做的第一件事就是调用 socket 函数，指定期望的通信协议类型。socket 函数的语法要点如下所示。

（A）函数原型

int socket(　　int family,　　　/*协议族*/
　　　　　　　int type,　　　　　/*套接字类型*/
　　　　　　　int protocol)　　 /*0（原始套接字除外）*/

其中 family 参数指明协议族（family），它通常取如表 14-1 所示的某个值。该参数也常常被称为协议域（domain）。type 参数指明套接字的类型，它通常取如表 14-2 所示的某个常值。protocol 参数用来指定所选择的参数类型，通常设为 0，已选择所给定 family 和 type 组合的系统默认值。socket 函数调用成功时，返回一个非负整数值，它与文件描述符类似，通常将其称为套接口描述字，简称套接字。

表 14-1　family 取值含义

family	含义
AF_INET	IPv4 协议
AF_INET6	IPv6 协议
AF_LOCAL	Unix 域协议
AF_ROUTE	路由套接字（socket）
AF_KEY	密钥套接字（socket）

表 14-2　type 取值含义

type	含义
SOCK_STREAM	字节流套接字 socket
SOCK_DGRAM	数据报套接字 socket
SOCK_RAW	原始套接字 socket

（B）函数返回值

成功：非负套接字描述符

出错：-1

socket 函数的返回值是由 Winsock 定义的一种数据类型 SOCKET，它实际是一个整型数据。当套接字创建成功时，Winsock 分配给程序一个套接字编号，后面调用传输函数时，就可以像文件指针一样引用。

如果套接字建立失败，函数的返回值为 INVALID_SOCKET。通常函数失败的原因是程序中忘记调用 WSAStartup，没有启动 Winsock 动态库。

（3）bind 函数

函数 bind 用来命名一个套接字，它为该套接字描述符分配一个半相关属性，其语法要点如下所示。

（A）函数原型

int bind(　　　　int sockfd, /*套接字描述符*/

　　　　　　　　struct sockaddr *my_addr, /*本地地址*/

　　　　　　　　int addrlen) /*地址长度*/

（B）函数返回值

成功：0

出错：-1

参数 sockfd 指定了套接字描述符，这个值由函数 socket 返回；参数 my_addr 是一个指向 struct sockaddr 的指针，包含套接字的相关属性：协议、地址和端口信息；参数 addrlen 指定了该协议地址结构的长度，一般设置为 sizeof（struct sockaddr）

（4）connect 函数

TCP 客户端调用 connect 函数向 TCP 服务器端发起通信连接请求，其语法要点如下所示。

（A）函数原型

int connect(　　　int sockfd,　　　　　　　　　　/*套接字描述符*/

　　　　　　　　struct sockaddr *serv_addr,　　/*服务器端地址*/

　　　　　　　　int addrlen)　　　　　　　　　　/*地址长度*/

（B）函数返回值

成功：0

出错：-1

函数 connect 连接两个指定的套接字，参数 sockfd 是本地套接字描述符，由 socket 函数返回；指针 serv_addr 指定了服务器端套接字的地址结构，包括协议、地址和端口信息等；参数 addrlen 指定了地址结构的长度，一般设置为 sizeof（struct sockaddr）。

（5）listen 函数

TCP 的服务器端必须调用函数 listen 才能使套接字进入监听状态。其语法要点如下所示。

（A）函数原型

int listen(　　　　int sockfd, /*套接字描述符*/

　　　　　　　　int backlog) /*请求队列中允许的最大请求数，大多数系统缺省值为 20*/

（B）　函数返回值

成功：0

出错：-1

参数 sockfd 是调用 socket 创建的套接字；参数 backlog 确定了套接字 sockfd 接收连接的

最大数目。

（6）accept 函数

服务器端套接字在进入监听状态后，必须通过调用 accept 函数接收客户进程提交的连接请求，才能完成一个套接字的完整连接。其语法要点如下所示。

（A）函数原型

int accept(int sockfd,   /*套接字描述符*/
                        struct sockaddr *addr,   /*客户端地址*/
                        socklen_t *addrlen)   /*地址长度*/

（B）函数返回值

成功：新的套接字描述符

出错：−1

服务器进程调用函数 accept 接收客户端提交的连接申请，其中参数 sockfd 是一个由函数 socket 创建，函数 bind 命名，并调用函数 listen 进入监听的套接字描述符。

函数 accept 一旦调用成功，系统将创建一个属性与套接字 sockfd 相同的新的套接字描述符，用于与客户端通信，并返回该新套接字的标识符，而原套接字 sockfd 仍然用于监听。

参数 addr 用于存储连接成功的客户端地址结构，参数 addrlen 用于存储客户端地址结构占用的字节空间大小。如果不关心客户端套接字的地址信息，可以把参数 addr 和 addrlen 设置为 NULL。

（7）send、recv 函数

这两个函数是最基本的，通过连接的流式套接字进行通信的函数。如果想使用无连接的数据报套接字进行通信的话，将要使用下面的 sendto 与 recvfrom 函数。

send 函数的语法要点如下。

（A）函数原型

int send(int sockfd, /*套接字描述符*/
                    const void *msg, /*指向要发送数据的指针*/
                    int len, /*数据长度*/
                    int flags) /*一般为 0*/

（B）函数返回值

成功：发送的字节数

出错：−1

recv 函数的语法要点如下所示。

（A）函数原型

int recv(int sockfd, /*套接字描述符*/
                    void *buf, /*存放接收数据的缓冲区*/
                    int len, /*数据长度*/
                    unsigned int flags) /*一般为 0*/

（B）函数返回值

成功：接收的字节数

出错：−1

recv 函数返回它所真正接收到的数据的长度，也就是存到 buf 中数据的长度。

（8）sendto 和 recvfrom 函数

这两个函数是进行无连接的 UDP 通信时使用的。使用这两个函数，则数据会在没有建立任何连接的网络上传输。因为数据报套接字无法对远程主机进行连接，在发送数据时用到的远程主机的 IP 地址和端口，都以参数形式体现在函数的参数中。

sendto 函数的语法要点如下所示。

（A）函数原型

```
int sendto(        int sockfd,              /*套接字描述符*/
                   const void *msg,         /*指向要发送数据的指针*/
                   int len,                 /*数据长度*/
                   unsigned int flags,      /*一般为 0*/
                   const struct sockaddr *to, /*目的机的 IP 地址和端口号信息*/
                   int tolen)               /*地址长度*/
```

（B）函数返回值

成功：发送的字节数

出错：-1

可以看到，这个函数和 send 函数基本一致，只是将远程主机的套接字地址结构以参数 to 出现在参数中。

recvfrom 函数的语法要点如下所示。

（A）函数原型

```
int recvfrom(          int sockfd, /*套接字描述符*/
                       void *buf, /*存放接收数据的缓冲区*/
                       int len, /*数据长度*/
                       unsigned int flags, /*一般为 0*/
                       struct sockaddr *from, /*源机的 IP 地址和端口号信息*/
                       int *tolen) /*地址长度*/
```

（B）函数返回值

成功：接收的字节数

出错：-1

同样的，recvfrom 函数和 recv 函数也基本一致。recvfrom 函数返回它接收到的字节数，如果发生了错误，它就返回-1。

（9）close 和 shutdown 函数

程序进行网络传输完毕后，需要关闭这个套接字描述符所表示的连接。实现这个非常简单，只需要使用标准的关闭文件的函数 close。执行 close 之后，套接字将不会再允许进行读操作和写操作。任何有关对套接字描述符进行读和写的操作都会接收到一个错误。

如果希望对套接字的关闭进行进一步操作的话，可以使用 shutdown 函数。它允许进行单向的关闭操作，或者全部关闭掉。其语法要点如下所示。

（A）函数原型

```
int shutdown(        int sockfd, /*套接字描述符*/
                     int how) /*操作方式*/
```

（B）函数返回值

成功：0

出错：–1

其中参数 how 可以取下面的值。0 表示不允许接收数据；1 表示不允许发送数据；2 表示和 close 函数一样，不允许任何操作（包括接收与发送）。

（10）closesocket

（A）函数原型

BOOL PASCAL FAR closesocket(Socket s /*要关闭的套接字*/);

（B）函数返回值

若成功则返回 0，否则返回 SOCKET_ERROR。

使用以上 API，就可以实现一个基本的网络程序。为了理清思路，下面将这些 API 的调用过程用图表示。

TCP 套接字的阻塞调用过程如图 14-1 所示。

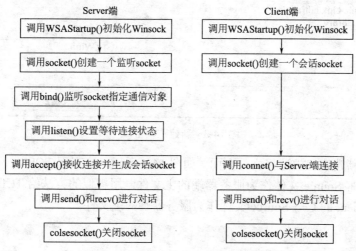

图 14-1　TCP 套接字的阻塞调用过程

面向无连接的数据报方式调用过程如图 14-2 所示。

图 14-2　面向无连接的数据报过程

【实训步骤】

下面动手编写一个基于 TCP 的网络通信应用程序。

步骤 1：通过 VC 6.0 新建一个名为 TCPServer 工程（网络通信程序的服务器端），在 VC 6.0 中通过菜单"文件-新建"打开如图 14-3 所示的新建窗口，选择工程页面下的"Win32 Console Application"，并给工程命名为 TCPServer。然后用类似的方法创建一个工程 TCPClient（网络通信程序的客户端）。

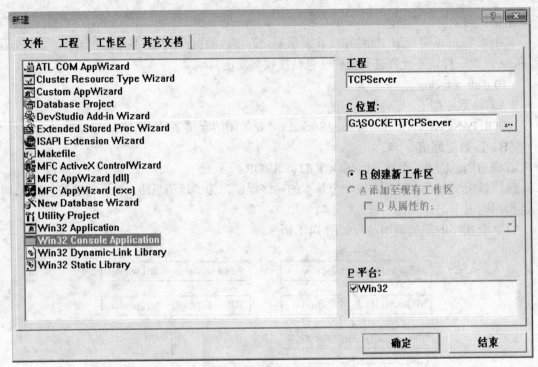

图 14-3 新建工程窗口

步骤 2：在新建窗口中选择文件页面，如图 14-4 所示，给工程 TCPServer 添加一个名为 TCPServer.的 C++ Source 文件作为服务器端的主文件。用类似的方法给 TCPClient 工程添加一个名为 TCPClient 的 C++ Source 文件作为服务器端的主文件。

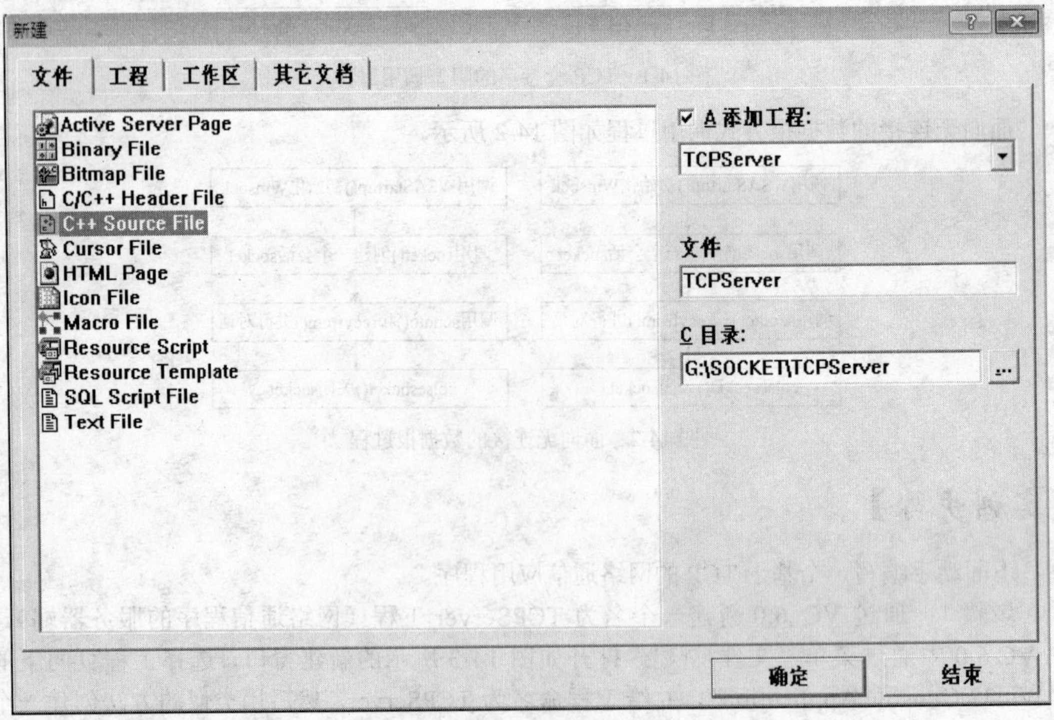

图 14-4 新建文件窗口

步骤 3：分别给服务器端和客户端添加代码。

TCP 服务器端 TCPServer 主文件的代码如下：

```c
#include <winsock2.h>
#include <stdio.h>
main()
{
    WORD wVersionRequested ;
    WSADATA wsaData ;
    int err ;
    wVersionRequested = MAKEWORD( 1 , 1 ) ;
    err = WSAStartup( wVersionRequested , &wsaData ) ;
    if (err != 0) {
        return ;
    }

    if (LOBYTE( wsaData.wVersion ) !=1 ||
        HIBYTE( wsaData.wVersion ) !=1 ) {
        /*终止对 winsock 库的使用*/
        WSACleanup( ) ;
        return ;
    }

    SOCKET sockSrv = socket( AF_INET , SOCK_STREAM , 0 ) ;
    SOCKADDR_IN addrSrv ;
    addrSrv.sin_addr.S_un.S_addr = htonl( INADDR_ANY) ;
    addrSrv.sin_family = AF_INET ;
    addrSrv.sin_port = htons( 6000 ) ;

    bind( sockSrv , (SOCKADDR *)&addrSrv , sizeof( SOCKADDR )) ;

listen( sockSrv , 5 ) ;

    SOCKADDR_IN addrClient ;
    int len = sizeof( SOCKADDR ) ;
    while( 1 )
    {
        SOCKET sockConn = accept( sockSrv , (SOCKADDR *)&addrClient , &len ) ;
        char sendBuf[100] ;
        sprintf( sendBuf , "Welcome %s " , inet_ntoa(addrClient.sin_addr)) ;
        send( sockConn , sendBuf , strlen(sendBuf)+1    , 0 ) ;
        char recvBuf[100] ;
        recv( sockConn , recvBuf , 100 , 0 ) ;
        printf( "%s\n" , recvBuf ) ;
        closesocket(sockConn) ;
    }
```

```
}
```
TCP 客户端 TCPClient 主文件的代码如下:
```
#include <winsock2.h>
#include <stdio.h>
main()
{
    WORD wVersionRequested ;
    WSADATA wsaData ;
    int err ;
    wVersionRequested = MAKEWORD( 1 , 1 ) ;
    err = WSAStartup( wVersionRequested , &wsaData ) ;
    if (err != 0) {
        return ;
    }

    if (LOBYTE( wsaData.wVersion ) !=1 ||
        HIBYTE( wsaData.wVersion ) !=1 ) {
        /*终止对 winsock 库的使用*/
        WSACleanup( ) ;
        return ;
    }

    SOCKET sockClient = socket( AF_INET , SOCK_STREAM , 0 ) ;
    SOCKADDR_IN addrSrv ;
    addrSrv.sin_addr.S_un.S_addr = inet_addr("127.0.0.1") ;
    addrSrv.sin_family = AF_INET ;
    addrSrv.sin_port = htons( 6000 ) ;

    connect( sockClient , (SOCKADDR *)&addrSrv , sizeof(SOCKADDR)) ;

    char recvBuf[100] ;
    recv( sockClient , recvBuf , 100 , 0 ) ;
    printf("%s\n" , recvBuf ) ;
    send(sockClient , "This is hjh" , strlen("This is hjh")+1 , 0 ) ;

    closesocket(sockClient) ;
    WSACleanup() ;
}
```
　　步骤 4：通过 VC 6.0 的菜单"工程-设置"打开工程设置窗口，如图 14-5 所示，选择 Link 页面，在对象/库模块下的文本框里给服务器端工程 TCPServer 添加库文件 ws2_32.lib。用类似的方法给客户端 TCPClient 工程添加库文件 ws2_32.lib。

　　步骤 5：编译并运行 TCPServer 和 TCPClient 两个应用程序。

　　用类似的方法，可以做基于 UDP 的网络通信应用程序。下面分别给出 UDP 网络通信程序的服务器和客户端代码。

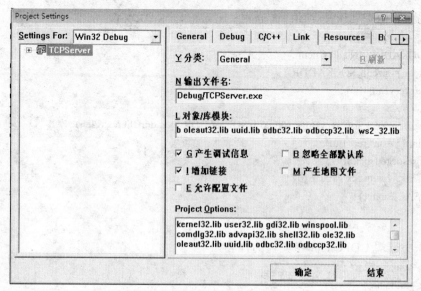

图 14-5　工程设置窗口

UDP 服务器端 UDPServer 主文件的代码如下：

```
#include <winsock2.h>
#include <stdio.h>
main()
{
    //加载套接字库进行版本协商
    WORD wVersionRequested ;
    WSADATA wsaData ;
    int err ;
    wVersionRequested = MAKEWORD( 1 , 1 ) ;
    err = WSAStartup( wVersionRequested , &wsaData ) ;
    if (err != 0) {
        return ;
    }

    if (LOBYTE( wsaData.wVersion ) !=1 ||
        HIBYTE( wsaData.wVersion ) !=1 ) {
        WSACleanup( ) ;
        return ;
    }

    //创建套接字
    SOCKET sockSrv = socket( AF_INET , SOCK_DGRAM , 0 ) ;
    SOCKADDR_IN addrSrv ;
    addrSrv.sin_addr.S_un.S_addr = htonl(INADDR_ANY) ;
    addrSrv.sin_family = AF_INET ;
    addrSrv.sin_port = htons( 6000 ) ;

    //将套接字绑定到一个本地地址和端口上
```

```
bind( sockSrv , (SOCKADDR *)&addrSrv , sizeof( SOCKADDR )) ;

SOCKADDR_IN addrClient ;
int len = sizeof( SOCKADDR ) ;
char recvBuf[100] ;

recvfrom(sockSrv , recvBuf , 100 , 0 , (SOCKADDR *)&addrClient , &len) ;
printf("%s\n",recvBuf) ;
closesocket(sockSrv) ;
/*终止对 winsock 库的使用*/
WSACleanup() ;

}
```

UDP 服务器端 UDPClient 主文件的代码如下：

```
#include <winsock2.h>
#include <stdio.h>
main()
{
    //加载套接字库进行版本协商
    WORD wVersionRequested ;
    WSADATA wsaData ;
    int err ;
    wVersionRequested = MAKEWORD( 1 , 1 ) ;
    err = WSAStartup( wVersionRequested , &wsaData ) ;
    if (err != 0) {
        return ;
    }

    if (LOBYTE( wsaData.wVersion ) !=1 ||
        HIBYTE( wsaData.wVersion ) !=1 ) {
        WSACleanup( ) ;
        return ;
    }

    //创建套接字
    SOCKET sockClient = socket( AF_INET , SOCK_DGRAM , 0 ) ;
    SOCKADDR_IN addrSrv ;
    addrSrv.sin_addr.S_un.S_addr = inet_addr("127.0.0.1") ;
    addrSrv.sin_family = AF_INET ;
    addrSrv.sin_port = htons( 6000 ) ;

    sendto(sockClient , "hello" , strlen("hello")+1 , 0 , (SOCKADDR *)&addrSrv , sizeof(SOCKADDR)) ;

    closesocket(sockClient) ;
    //终止对 winsock 库的使用
    WSACleanup() ;

}
```

【实训总结】

本次实训主要学习网络编程的相关知识。通过编写网络通信程序，理解网络通信的相关原理。通过本次实训，大家完成以下问题：

① 掌握套接字相关的 API 及应用；

② 掌握网络编程的一般步骤。

 ## 【思考题】

查阅相关资料，看看如何使用多线程来实现多个客户端与服务器的通信？

实训项目十五

硬件防火墙规则配置

【实训目的】

思科 PIX 防火墙可以保护各种网络。有用于小型家庭网络的 PIX 防火墙，也有用于大型园区或者企业网络的 PIX 防火墙。在本文的例子中，将设置一种 PIX 501 型防火墙。PIX 501 是用于中小型家庭网络或者中小企业的防火墙。

PIX 防火墙有内部和外部接口的概念。内部接口是内部的，通常是专用的网络。外部接口是外部的，通常是公共的网络。你要设法保护内部网络不受外部网络的影响。

【实训内容】

本实训项目中主要学习思科公司硬件防火墙的主要特点、防火墙的初始化配置方法以及工作配置与管理方式。

【实训环境】

某公司使用 Cisco PIX 515 防火墙连接到 internet，ISP 分配给该公司一段公网 IP 地址为 61.1.1.2~61.1.1.254。公司网络管理员决定在 DMZ 区域放置一台 Web 服务器和一台 Ftp 服务器，要求能够让内网(Inside)用户能够访问其 Web 服务和 FTP 服务，并且使用 61.1.1.3 和 61.1.1.4 这两个全局 IP 地址分别将 Web 服务器和 Ftp 服务器发布到 internet，供外部网络用户访问。

本实训所应用的拓扑图如图 15-1 所示。

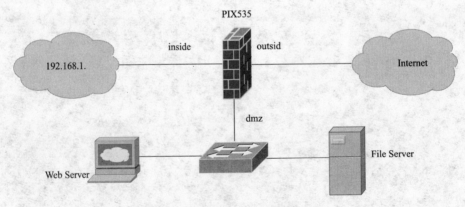

图 15-1　硬件防火墙配置拓扑图

【理论基础】

1. 什么是 PIX 防火墙

PIX（Private Internet Exchange，专用互联网络交换）是 Cisco 公司开发的专用硬件防火墙。PIX 硬件防火墙使用 PIX 操作系统，和 Cisco 路由器的 IOS 看起来非常接近，但是它们的配置还是有一定的区别，而且不同版本的 PIX 操作系统的配置也有所不同，其主要版本有 PIX6.X 和 PIX7.X 两大系列。PIX 防火墙 500 系列有多种型号，如 PIX501、PIX506E、PIX515E、PIX525、PIX535 等，不同的型号防火墙适合于不同的单位或公司的需求。

2. 接口类型

硬件防火墙常见的接口类型有以太网口（RJ-45 网卡）、配置口（console）、USB 接口、Failover（故障切换）口，还有 PCI 扩展口。

一般情况下，现在的硬件防火墙的以太网接口有 3 个，即 inside 接口、outside 接口和 DMZ（停火区）接口，分别连接着内部网络、外部网络和隔离网络。但早期的防火墙只有 2 个接口，即没有 DMZ 接口。下面对分别对这三个接口所连接的网络描述如下。

内部网络：是指企业/单位内部的网络。它是互联网络中受信任的区域，得到防火墙的保护。Inside 接口用来连到一台局域网交换机上，该交换机再连接到内部网络。

外部网络：是指 Internet 或者非企业/单位内部的网络。它是互联网络中不被信任的区域，当外部网络要访问内部网络的主机或服务时，可通过防火墙实现有限制的访问。Outside 接口用来连到一台 Internet 路由器中，这台路由器再连接到 Internet 上。

停火区：是指一个隔离的网络，也称非军事区（DMZ）。位于停火区中的主机或服务器被称为堡垒主机。一般情况下停火区可以放置 Web 服务器、Mail 服务器、Ftp 服务器等。停火区除了可以让内部用户访问外，通常对于外部用户也是开放的，这种方式可让外部用户可以访问企业/单位的内部公开的信息，但却不允许他们访问企业/单位内部的网络资源。

3. 参数指标

参数指标通常用来衡量一台防火墙的性能。常见的重要参数，如并发连接数、网络吞吐量、安全过滤带宽、CPU 频率、内存容量、有无用户数限制等。

4. 硬件防火墙的发展

随着硬件防火墙技术的不断发展，其功能也越来越强大，现在的硬件防火墙除了具有传统的防火墙功能外，还具有 VPN（虚拟专用网络）、IDS（入侵检测系统）、NAT（网络地址转换）、身份认证、抗病毒攻击、自我保护等多种功能。目前，这种集多种网络功能为一体的设备被称为 UTM（Unified Threat Management,统一威胁管理）设备。

5. 防火墙的配置思想

默认情况下，所有的防火墙都是按以下两种情况配置的：
- 拒绝所有的流量，这需要在你的网络中特殊指定能够进入和出去的流量的一些类型。
- 允许所有的流量，这种情况需要你特殊指定要拒绝的流量的类型。

不过大多数防火墙默认都是拒绝所有的流量作为安全选项。一旦你安装防火墙后，你需要打开一些必要的端口来使防火墙内的用户在通过验证之后可以访问系统。换句话说，如果你想让你的内部用户能够发送和接收 Email，你必须在防火墙上设置相应的规则或开启允许 POP3 和 SMTP 的进程。

我们在实际配置防火墙时定义的规则为：
- 防火墙拒绝所有不被允许的数据包通过；
- 内网用户发起的连接可回应数据包，通过 ACL 开放的服务器允许外网用户发起连接；
- inside 网络可以访问任何 outside 网络和 dmz 网络；

- dmz 网络可以访问 outside 网络；
- inside 网络可以访问 dmz 网络，但需要配置 static(静态地址转换)；
- outside 网络可以访问 dmz 网络，但需要配置 acl(访问控制列表)。

6. 防火墙的配置模式

防火墙的配置模式与路由器类似，有 4 种配置模式：

- firewall> 用户模式：PIX 防火墙开机自检后，就是处于这种模式。
- firewall# 特权模式：从用户模式输入 enable 命令进入。
- firewall(config)# 配置模式：从特权模式输入 configure terminal 进入此模式。
- monitor> ROM 监视模式:开机按住[Esc]键或发送一个"Break"字符，进入监视模式。此模式下可以更新操作系统的映像和口令的恢复。

提示： 与路由器一样，在每一种模式下输入 "?" 可列出该模式下所有可用命令的功能介绍；输入某一个命令的前几个字符后按 "Tab" 键，系统可自动填充该命令的剩余字符。

附表 1： 防火墙的初始配置

与路由器一样，对于新购买化的防火墙也需要经过基本的初始配置后才能使用。对于防火墙的初始配置方法各种品牌的防火墙基本相同，下面就以 Cisco PIX 防火墙为例进行介绍防火墙的初始配置实训环境。

Cisco PIX 防火墙的本地初始化配置也是通过防火墙自带的控制电缆线一端连接防火墙的控制台（Console）端口，另一端连接 PC 机的串口，如图 15-2 所示，再通过 Windows 系统自带的超级终端（HyperTerminal）程序进行配置。具体配置步骤如下。

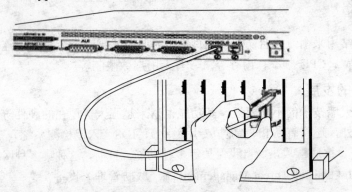

图 15-2 硬件防火墙的连接方式

① 将 PIX 防火墙安放至机架,之后将 PIX 防火墙的 Console 端口用一条防火墙自带的控制电缆线连接至 PC 机的串口。

② 经检测电源系统后接上电源，打开 PIX 防火墙电源开关,然后开启与防火墙连接的主机。

③ 运行 PC 机 Windows 系统中的超级终端程序。超级终端的参数配置与前面介绍的路由器、交换机的配置一样，这里就不再介绍。

④ 当 PIX 防火墙进入系统后显示"firewall>"提示符，说明已进入防火墙的用户模式，可以进行进一步的配置。

⑤ 输入 enable 命令进入特权模式，系统提示为 firewall# 。

⑥ 在特权模式下输入 configure terminal 命令进入全局配置模式，系统提示为 firewall(config)#。此时可以对防火墙进行初始化配置。

防火墙初始化配置常配置的几个方面如下：

- 设置防火墙名称、域名、登录密码；
- 为防火墙接口分配 IP 地址；
- 设置防火墙路由。

⑦ 保存配置：firewall#Write memory。

⑧ 退出当前模式：exit。

⑨ 查看端口状态：firewall#show interface。

⑩ 查看静态地址映射：firewall#show static。

本书以 PIX 防火墙 6.X 版本的操作系统为例，介绍其常用的基本配置命令。需要说明的 6.X 版本与 7.X 版本的部分配置命令有一定的区别，在后面介绍时将会作出附加说明。

（1）设置防火墙的名称

命令格式：hostname name

Firewall(config)#hostname pix525   //设置防火墙的名称为 pix525
Pix525(config)#

（2）设置防火墙的域名

命令格式：domain-name domain   //domain 为域名

Firewall(config)#domain-name 123.com   //设置防火墙域名为 123.com

（3）设置防火墙的登录密码

命令格式：passwd password

命令作用：提供 Telnet 或 SSH 认证远程接入时使用。

Firewall(config)#passwd cisco   //设置防火墙的登录密码为 cisco

（4）设置防火墙的以太网接口名称及安全级别

命令格式：nameif hardware_id if_name security1-100

参数说明：hardware_id 为以太网卡物理编号，如 ethernet0、ethernet1；缺省配置情况下，ethernet0 被命名为外部接口（outside），安全级别为 0；ethernet1 被命名为内部接口（inside），安全级别为 100；ethernet2 被设置为 DMZ（非军事区/停火区）接口，其安全级别介于前两个接口之间(不过现在的硬件防火墙设备的接口上直接标有 DMZ 标识,方便用户连接)；if_name 为自定义网络接口名称，security 为安全级别。安全级别取值范围为 1～100，数字越大安全级别越高。

Firewall(config)#nameif ethernet0 outside security0

//设置 ethernet0 接口的名称为 outside，并设置安全级别为 0。

Firewall(config)#nameif ethernet1 inside security100

//设置 ethernet1 接口的名称为 inside，并设置安全级别为 100。

Firewall(config)#nameif ethernet2 dmz security50

//设置 ethernet2 接口的名称为 dmz，并设置安全级别为 50。

（5）设置防火墙的以太网接口状态

命令格式：interface hardware_id hardware_status

参数说明：hardware_status 可选 auto、100full、shutdown；auto 选项设置网卡工作在自适应状态；100full 选项设置网卡工作在 100Mbit/s，全双工通信状态；shutdown 选项设置网卡接口为关闭，不加此选则表示激活。

```
Firewall(config)#interface interface0 auto
Firewall(config)# interface interface1 100full          //设置 100Mb/s 全双工方式通信
Firewall(config)# interface interface1 100full shutdown   //设置关闭此接口
```

（6）设置防火墙以太网接口 IP 地址

命令格式：ip address if_name   ip_address   mask

参数说明：if_name 为网络接口名称，ip_address 为 IP 地址，mask 为子网掩码。

```
Firewall(config)#ip address outside 61.131.24.250 255.255.255.248
```

//设置外网接口(outside)IP 地址为 61.131.24.250，

```
Firewall(config)# ip address inside 192.168.0.1    255.255.255.0
```

//设置内网接口(inside)IP 地址为 192.168.0.1

注：在 PIX 防火墙的 7.X 版本的操作系统中配置以太网接口的属性类似于 Cisco 路由器的配置方法，它的配置相当于以下三条命令的综合，配置命令如下所示：

```
Pix525(config)#interface Ethernet2                      //进入 e2 接口
Pix525(config)#no shutdown                             //激活该接口
Pix525(config)#nameif dmz                              //为该接口命名为 dmz
Pix525(config)#security-level 50                        //为该接口设置安全级别
Pix525(config)#speed auto                              //设置接口为自适应状态
Pix525(config)#duplex auto                             //设置接口速率为全双工
Pix525(config)#ip address 61.131.24.250 255.255.255.240  //为该接口分配 IP 地址
```

（7）配置静态路由

命令格式：route if_name 0 0 gateway_ip [metric]

命令作用：设置指向内网和外网的静态路由。

参数说明：if_name 表示网络接口名称，如 inside、outside；0 0 代表所有的主机；
gateway_ip 表示网关路由器的 IP 地址或称下一跳路由器；[metric]表示路由跳数，缺省值为 1。

```
firewall(config)#route outside 0 0 61.131.24.241 1
```

//设置缺省路由从 outside 接口出去，下一跳 IP 地址为 61.131.24.241，0 0 代表 0.0.0.0
0.0.0.0，表示任意网络的所有主机。本条命令的意思为当所有的主机在访问外网时可从 IP 地址为 61.131.24.241 这个出口出去。

```
firewall(config)#route inside 192.168.1.0 255.255.255.0 10.1.0.1 1
```

//设置去往 192.168.1.0 这个网络的下一跳出口 IP 地址为 10.1.0.1，最后的 1 表示跳数。

附表 2：防火墙的工作配置与管理

常用命令有：nameif、interface、ipaddress、nat、global、route、static 等。

（1）配置访问控制列表（ACL）

命令格式：access-list {acl_name|acl_id} {permit |deny} protocol source-addr mask [operator port] dest-addr mask [operator port]

命令作用：通过配置防火墙的 ACL，用来过滤流入和流出防火墙接口的数据包，以保证内部网络的安全。在防火墙的安全策略中对访问控制列表（ACL）的配置是很重要的。

提示：删除访问列表只要在配置命令前面加 no 就可以了。

参数说明：

● acl_name 为定义访问列表名称（类似于路由器中定义命名访问控制列表），acl_id 为定义访问列表编号，这两种选项任选一种，定义好之后为 ip access-group 命令在绑定接口时使用。

- permit 表示允许满足条件的报文通过，deny 表示禁止满足条件的报文通过。
- protocol 为协议类型，如 ICMP、TCP、UDP、IP 等。

提示：host 和 any 在这里仍可使用，其使用方法与路由器中定义访问控制列表相同。

- source-addr 为指定报文发送方的网络或主机的 IP 地址（源地址），dest-addr 为指定报文发往的网络或主机的 IP 地址（目的地址）；如果在它们的 IP 地址之前加 host 关键词则表示指定一个单一的地址，加 any 关键词表示所有地址。
- mask 为 IP 地址的子网掩码，其方式与 cisco 路由器的 access-list 命令不同，这里使用的是网络掩码（如 C 类网掩码 255.255.255.0），而 cisco 路由器的 access-list 中使用的是通配符（即 0.0.0.255）；不输入则代表通配位为 0.0.0.0。
- operator 为端口操作符（可选项），如等于（eq）、大于（gt）、小于（lt）、不等于（neq）或介于（range）；如果操作符为 range，则后面需要跟两个端口。
- port（可选项）为协议类型为 TCP 或 UDP 时指定一个名称（如 telnet、ftp、dns 等）或整数值（可取 0~65535 之间的一个数值）。

举例：

```
Pix(config)#access-list 101 permit tcp any host 61.131.24.250 eq http
```

//设置允许任何源地址以 http 方式访问目的地址为 61.131.24.250 这台主机。

```
Pix(config)#access-list 101 deny ip any any
```

//设置拒绝任何数据包流入或流出。这两条命令的编号 101 也可用命名形式(如"out_in")代替。

例如，在 PIX 防火墙上配置一个"允许源地址为 192.168.1.0 的网络以 www 方式访问目的地址为 192.168.2.0 的网络，但不允许以 FTP 方式访问"的访问规则，相应的配置语句如下：

```
Pix525(config)#access-list 100 permit tcp 192.168.1.0   255.255.255.0 192.168.2.0   255.255.255.0   eq www
Pix525(config)#access-list 100 deny tcp 192.168.1.0   255.255.255.0 192.168.2.0   255.255.255.0   eq ftp
```

以上两条命令还可以写成如下形式：

```
Pix525(config)#access-list in_out permit tcp 192.168.1.0   255.255.255.0 192.168.2.0   255.255.255.0   eq 80
Pix525(config)#access-list in_out deny tcp 192.168.1.0   255.255.255.0 192.168.2.0   255.255.255.0   eq 21
```

（2）将访问控制列表规则应用到接口上

命令格式：access-group {acl_name | acl_id} {in|out} interface interface_name

命令作用：将 ACL 应用到防火墙的接口，使 ACL 规则生效，以实现对报文过滤的功能。

提示：一个接口的一个方向上最多可以应用 20 类不同的规则，这些规则之间按照规则序号的大小进行排列，序号大的排在前面，也就是优先级高。

参数说明：acl_name 是指访问控制列表名称，acl_id 为访问控制列表编号；in 表示接口过滤入站流量，而 out 表示接口过滤出站流量；interface_name 为网络接口名称，如 inside、outside。

（3）网络地址转换（NAT）

命令格式：nat   (if_name)   nat_id   local_ip   netmark

命令作用：指定需要将内部网络中的私有 IP 地址转换为公网 IP 地址。本命令要与 global 命令配合使用，因为 nat 命令可以指定一台主机或一段范围的主机访问外网，而访问外网时需要利用 global 所指定的地址池进行对外访问，即 nat 指定内部网络私有 IP 地址，golbal 指

165

定外部网络公有 IP 地址，然后通过 net_id 号将这两个命令联系在一起。

参数说明：if_name 为网络接口名称，一般表示内部网络接口名称（如 inside），此参数可以省略不写；nat_id 为地址池标识号，由 global 命令定义；local_ip 表示内网的 IP 地址，对于 0.0.0.0 表示内网所有主机，也可以用一个 0 来代替；netmark 表示内网 IP 地址的子网掩码。

```
Firewall(config)#nat (inside) 1 0 0
```

//设置内网的所有主机都可以访问由 global 指定的外网。1 为 global 命令定义的地址池标识符，0 0 表示内网所有的主机；参数（inside）表示内部网络的接口名称。

```
Firewall (config)#nat (inside) 1 172.16.5.0 255.255.255.0
```

//设置只有 172.16.5.0 网段的主机可以访问 global 指定的外网。

（4）指定外部公网地址范围

命令格式：global（if_name）nat_id　start_ip---end_ip | interface [netmark global_mask]

命令作用：负责将内网的私有 IP 地址转换成一个公网 IP 地址或一段公网 IP 地址，即由 NAT 命令所指定的内部 IP 地址转换成公网 IP 地址，然后才能访问外部网络。

参数说明：if_name 表示接口名称，一般指外部网络接口名称(outside)，如果 if_name 为 dmz，则表示将 NAT 所指定的 IP 地址转换成 DMZ 区域的网络地址；nat_id 为地址池标识号（供 nat 命令引用）；start_ip---end_ip 表示一段公网 IP 地址范围，也可以为单个 IP 地址，当表示单个 IP 地址时也可以使用关键词 interface 来表示所有数据包从 outside 这个接口出去（即使用 interface 代表 outside 接口的 IP 地址）；[netmark global_mask]表示全局 IP 地址的网络掩码，可省略。

```
Firewall (config)#global (outside) 1 233.0.0.1-233.0.0.15
```

//设置全局地址池 1 对应的 IP 地址范围为 233.0.0.1-233.0.0.15，本命令的作用可将 NAT 命令所指定的内网私有 IP 地址转换成 233.0.0.1-233.0.0.15 这个范围中的全局 IP 地址，从而可以访问外部网络。

```
Firewall(config)#global (outside) 1 233.0.0.1
```

//设置地址池 1 只有一个 IP 地址为 233.0.0.1，本命令的作用可将 NAT 命令指定的内网私有 IP 地址转换成 233.0.0.1 这个公网 IP 地址来访问外部网络。

```
Firewall(config)#golbal (outside) 1 61.131.24.240-61.131.24.255 netmask 255.255.255.240
```

//设置全局地址池 1 的 IP 地址范围为 61.131.24.240-61.131.24.255，并指定相应的子网掩码。

```
firewall(config)#golbal (outside) 1 interface
```

//表示将 nat 命令所指定的内网私有 IP 地址转换成 outside 接口的这个全局 IP 地址后访问外网。

```
Firewall (config)#no global (outside) 1 233.0.0.1
```

//表示删除这个全局表项。

（5）配置静态 IP 地址转换

命令格式：static(internal_if_name，external_if_name) outside_ip_addr inside_ip_address

命令作用：配置静态 IP 地址翻译，使内网的私有 IP 地址与外网的公有 IP 地址一一对应。本命令可以让我们为一个特定的内部 IP 地址设置成一个永久的全局 IP 地址，这样就能够为具有较低安全级别的指定接口创建一个入口,使它们可以进入到具有较高安全级别的指定接口。

参数说明：internal_if_name 表示内部网络接口名称，安全级别较高，如 inside；external_if_name 表示外部网络接口名称，安全级别较低，如 outside；outside_ip_address 表示外部网络的公有 IP 地址；inside_ ip_address 表示内部网络的本地 IP 地址；注意这四个参数项的顺序。

```
firewall(config)#static (inside，outside) 61.131.24.241 192.168.0.1
```

//设置内部 IP 地址 192.168.0.1 的主机在访问外网时先被翻译成 61.131.24.241 这个公网 IP 地址，也可以认为 static 命令创建了内部 IP 地址 192.168.0.1 和外部 IP 地址 61.131.24.241 之间的静态映射。

```
firewall(config)#static (dmz，outside) 220.161.246.13 172.16.0.2
```

//设置停火区（DMZ）IP 地址 172.16.0.2 在访问外网时先被翻译成 220.161.246.13 这个公网 IP 地址。

（6）配置 DHCP 服务器

命令作用：在内部网络，为了维护的集中管理和充分利用有限 IP 地址，都会启用动态主机分配 IP 地址服务器（DHCP Server）。Cisco Firewall PIX 具有这种功能，可以让客户端自动从 DHCP 服务端的 IP 地址池中分配到一个 IP 地址。

例：下面简单的配置 DHCP Server，假设地址池为 192.168.1.100～192.168.1.200，主 DNS：202.96.128.68，备用 DNS：202.96.144.47，主域名称：abc.com.cn

```
PIX525(config)#ip address dhcp
PIX525(config)#dhcpd address 192.168.1.100-192.168.1.200 inside
PIX525(config)#dhcp dns 202.96.128.68 202.96.144.47
PIX525(config)#dhcp domain abc.com.cn
```

（7）配置远程访问

命令格式：**telnet** ip_address [netmask] [if_name]

命令作用：供远程用户使用 telnet 登录 PIX 防火墙进行配置。因为默认情况下 PIX 防火墙的以太网端口是不允许 telnet 的，这一点与路由器不同。但是一旦 Inside 端口配置成 telnet 就能够使用，但是 outside 端口还要对其安全方面进行配置，方可使用。

参数说明：ip_address 是指定用于 Telnet 登录的 IP 地址；netmask 为子网掩码，可省略；if_name 指定用于 Telnet 登录的接口，通常不指定，则表示此 IP 地址适用于所有端口。如果要清除防火墙上某个端口的 Telnet 参数配置，则使用 clear telnet 命令，其格式为：clear telnet [ip_address [netmask] [if_name]]。与 no telnet 功能基本一样，不过 no telnet 是用来删除某接口上的 Telnet 配置，命令格式为：no telnet [ip_address [netmask] [if_name]]。

```
PIX525(config)#telnet 192.168.1.1 255.255.255.0 inside
```

//允许内网 IP 地址 192.168.1.1 的主机以 telnet 方式登录防火墙

测试 telnet：在[开始]→[运行]处输入 telnet 192.168.1.1

```
PIX525(config)#telnet 222.20.16.1 255.255.255.0 outside
```

//允许外网 IP 地址 222.20.16.1 的主机以 telnet 方式登录防火墙

（8）管道命令的配置

命令格式：**conduit** permit|deny protocol global_ip [port] foreign_ip [netmask]

命令作用：由于 static 命令可以让本地 IP 地址和一个全局 IP 地址之间创建一个静态映射，但从外部到内部接口的连接仍然会被 PIX 防火墙的自适应安全算法（ASA）阻拦。

所以，conduit 命令用来设置允许数据从低安全级别的接口（outside）流向具有较高安全级别的接口(inside)，例如允许从 outside 网络用户访问 DMZ 网络中的服务或 inside 网络中的服务。当外部网络要向内部网络的接口进行连接时，需要 static 和 conduit 这两个命令配合使用，才能建立会话。

参数说明：permit | deny 表示允许或禁止；protocol 指的是连接协议，如 TCP、UDP、ICMP；global_ip 是先前由 global 或 static 命令定义的全局 IP 地址，如果 global_ip 为 0 就用 any 代替，表示所有主机，如果是一台主机时前面加 host 参数；port 指的是服务所作用的端口；如 80 端口表示 www 服务，可以用 eq www 或 eq 80 表示，21 端口表示 ftp 服务，可以用 eq ftp 或 eq 21 表示；foreign_ip 表示可以访问 global_ip 的外部 IP 地址，对于任意主机可以用 any 表示，如果是一台主机，就用 host 参数加在 IP 前面；[netmask]为 foreign_ip 的子网掩码，用来表示是一台主机或一个网络。

有关该命令的使用举例如下：

```
firewall(config)#conduit permit tcp host 202.101.98.55 eq www any
```

//表示允许任何外部主机对全局地址为 202.101.98.55 的这台主机进行 http 访问。www 服务属 TCP 协议；host 202.101.98.55 表示特指这一个全局地址的主机；eq www 表示 Web 服务器，也可以使用 eq 80 代替；any 代表外部任何主机。

```
firewall(config)#conduit deny tcp any eq ftp host 61.133.51.89
```

//表示拒绝 IP 地址为 61.133.51.89 的这台主机对任何全局 IP 地址进行 ftp 访问。

```
firewall(config)#conduit permit imcp any any
```

//表示允许 icmp 消息向内部和外部通过。

```
firewall(config)#static (inside，outside) 61.131.24.250 192.168.9.25
firewall(config)#conduit permit tcp host 61.131.24.250 eq www any
```

//这个例子说明 static 命令和 conduit 命令的关系。192.168.9.25 是内网的一台 web 服务器，现在希望外网的用户能够通过 PIX 防火墙来访问 web 服务。所以先做 static 静态映射，先将内网的私有 IP 地址 192.168.9.25 与外网的公有 IP 地址 61.131.24.250 建立映射，然后利用 conduit 命令允许任何外部主机对全局 IP 地址(或称公网 IP 地址) 61.131.24.250 进行 http 访问。这两条命令的综合作用相当于使用 static 的端口重定向功能。

（9）配置防火墙日志

日志的作用：配置防火墙日志，可以让网络管理员通过查看日志信息来判断防火墙的运行状态及安全状况。Cisco pix 防火墙使用同步日志（syslog）来记录所有在防火墙上发生的事件。

提示： 配置防火墙日志，一定要确保防火墙的日期及时间的正确，以便网管追踪事件缘由。

配置日志命令介绍：

- logging on   //开启防火墙日志功能，默认为禁止
- logging {option} [level]   //为相应的终端设置日志等级

参数说明：{option}指控制台(console)、监控器(monitor)、自适应安全设备管理器（ASDM）、远程同步日志服务器(host)等；Level 为系统日志消息等级，系统日志消息等级为一个数字或字符串。你指定的 level 表示你想显示该等级及低于该等级的系统日志消息。例，如果 level 为 3，则系统日志显示 0，1，2 和 3 级消息。Level 等级如下所示。

0——emergencies：系统不可用消息；

1——alerts：立即采取行动；

2——critical：关键状态；

3——errors：出错消息；

4——warrings：警告消息；

5——notifications：正常但有特殊意义的状态；

6——informational：信息消息；

7——debugging：调试消息和 FTP 命令及 WWW URL 记录。

例 1：配置控制台日志

```
PIX(config)# logging on
PIX(config)#logging console debugging
```

例 2：配置监视器日志

```
PIX(config)# logging on
PIX(config)#logging monitor debugging
```

举例：假设远程日志服务器 IP 地址 61.131.20.24，现要求配置防火墙的日志传到这台服务器。

```
PIX(config)# logging on                          //开启日志功能
PIX(config)# logging trap error                  //为 syslog server 设置日志等级
PIX(config)# logging history debugging           //设置 SNMP message 等级
PIX(config)# logging host inside 61.131.20.24    //发送 syslog 信息到远程日志服务器
```

（10）保存配置命令

```
PIX515#write terminal
```

（11）查看配置信息命令

```
Firewall#show interface       查看端口状态；
Firewall#show static          查看静态地址映射；
Firewall#show ip              查看接口 ip 地址；
Firewall#show config          查看配置信息；
Firewall#show running-config  显示当前配置信息；
Firewall#show cpu usage       显示 CPU 利用率，排查故障时常用；
Firewall#show traffic         查看流量；
Firewall#show connect count   查看连接数；
Firewall#show mem             显示内存；
Firewall#show telnet          显示当前所有的 Telnet 配置；
Firewall#show access-list     查看访问列表规则的排列和选择顺序；
Firewall#show firewall        显示当前防火墙状态，包括防火墙是否被启用，启用防火墙时是否采用了时
                              间段包过滤及防火墙的一些统计信息。
```

【实训步骤】

本例以 PIX515 防火墙 7.X 版本的操作系统为例，介绍其配置过程。在配置之前先假设 pix515 防火墙的 ethernet0 接口作为外网接口(命名为 outside)，并分配全局 IP 地址为 61.1.1.2；ethernet1 接口作为内网接口(命名为 inside)，并分配私有 IP 地址为 192.168.1.1；ethernet2 接口作为 DMZ 接口，并分配私有 IP 地址为 192.168.2.1。内网的私有 IP 地址使用范围为 192.168.1.1-192.168.1.254，子网掩码为 255.255.255.0。防火墙的下一跳路由器地址假设为 61.1.1.1；dmz 区域中 Web 服务器 IP 地址取 192.168.2.3，Ftp 服务器 IP 地址取 192.168.2.4。具体的配置步骤如下：

1. 接口基本配置

```
firewall>en
firewall#hostname pix515
pix515#conf t
pix515(config)#interface ethernet0              //进入防火墙 e0 接口
pix515(config-if)#nameif outside                //为 e0 接口命名为 outside
pix515(config-if)# security-level 0             //定义 e0 接口的安全级别为 0
pix515(config-if)#speed auto                    //设置 e0 接口为自适应网卡类型
pix515(config-if)#duplex auto                   //设置 e0 接口工作方式为全双工
pix515(config-if)#ip address 61.1.1.2 255.255.255.0   //为 e0 接口分配 IP 地址
pix515(config-if)#no shutdown                   //激活该接口
pix515(config-if)#exit                          //退出该接口配置
pix515(config)#interface ethernet1
pix515(config-if)#nameif inside
pix515(config-if)# security-level 100
pix515(config-if)#speed auto
pix515(config-if)#duplex auto
pix515(config-if)#ip address 192.168.1.1 255.255.255.0
pix515(config-if)#no shutdown
pix515(config-if)#exit
pix515(config)#interface ethernet2
pix515(config-if)#nameif dmz
pix515(config-if)# security-level 50
pix515(config-if)#speed auto
pix515(config-if)#duplex auto
pix515(config-if)#ip address 192.168.2.1 255.255.255.0
pix515(config-if)#no shutdown
pix515(config-if)#exit
```

2. 设置默认路由

```
pix515(config)#route outside 0 0 61.1.1.1     //设置默认路由的下一跳地址为 61.1.1.1。
```

3. 配置内部(inside)网络用户访问外网的规则

```
pix515(config)#nat (inside) 1 192.168.1.0 255.255.255.0
pix515(config)#global (outside) 1 interface
```

//将 nat 所指定的内网私有 IP 地址转换成 outside 接口的公网地址，从而实现内网主机可以访问 Internet 资源，参数 interface 也可以直接写成公网 IP 地址为 61.1.1.2。

```
pix515(config)#global (dmz) 1 192.168.2.3-92.168.2.4
```

//将 nat 命令所指定的内网私有 IP 地址转换成 dmz 区域的私有 IP 地址，以供内网用户访问 dmz 区域的服务器。

170

4. 发布 dmz 区域的服务器

pix515(config)#static (dmz,outside)　61.1.1.3　192.168.2.3

pix515(config)#static (dmz,outside)　61.1.1.4　192.168.2.4

//当外网用户要访问 DMZ 区域的服务器时，首先会访问全局 IP 地址 61.1.1.3 和 61.1.1.4，然后系统将分别映射到 IP 地址为 192.168.2.3、192.168.2.4 这两台内网服务器。

pix515(config)#static (inside,dmz) 192.168.1.1 192.168.1.1

//除了以上使用 global 命令让内网用户访问 DMZ 区域服务器外，还可以使用 static 命令。本条命令的作用是当内网主机访问中间区域（DMZ）时，将自己映射成自己来访问服务器，否则内部主机将会映射成地址池中的全局 IP，到外部去找。

5. 配置 ACL，允许外部用户访问 dmz 区域服务器

pix515(config)#access-list e0in permit tcp any host 61.1.1.3 eq www

pix515(config)#access-list e0in permit tcp any host 61.1.1.4 eq ftp

pix515(config)#access-list e0in deny ip any any

pix515(config)#access-group e0in in interface outside

提示：除了使用 ACL 命令外，还可以使用管道命令（conduit）来配置允许外网用户访问内网服务器。

【实训总结】

本实训中，我们主要介绍了硬件防火墙的基本概念、配置思想、配置模式和配置管理步骤。最后以实际配置案例为例，具体讲述硬件防火墙的初始化配置和管理配置方法。

【思考题】

1. 如何进行实验室机房硬件防火墙的初始化配置？

2. 试画出你所在实验室的网络设备拓扑结构图，并试写出防火墙的配置与管理命令。

参 考 文 献

[1] 陈光，张敬芝. 网络操作系统——Windows Server 2003. 北京：高等教育出版社，2008.

[2] 张恒杰，任晓鹏. Windows Server 2008 网络操作系统教程. 北京：中国水利水电出版社，2010.

[3] 冯昊，黄治虎. 交换机/路由器的配置与管理. 北京：清华大学出版社，2009.

[4] 贝塔什. CCSP 自学指南（Cisco 安全 PIX 防火墙 CSPFA）. 第 2 版. 北京：人民邮电出版社，2005.

[5] 李涤非，欧岩亮. 思科网络技术学院教程网络安全基础. 北京：人民邮电出版社，2005.

[6] 杨志姝. Cisco 实用教程. 北京：清华大学出版社，2005.

[7] 胡刚强. Windows Server 2008 案例教程. 北京：机械工业出版社，2011.

[8] 曾宏安. 嵌入式 Linux C 语言开发. 北京：人民邮电出版社，2009.

[9] 曹衍龙. Visual C++网络通信编程使用案例精选. 北京：人民邮电出版社，2006.

[10] 孙鑫. VC++深入详解. 北京：电子工业出版社，2006.